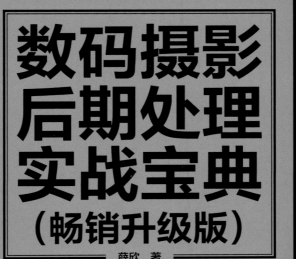

数码摄影后期处理实战宝典

（畅销升级版）

薛欣 著

人民邮电出版社

北京

前 言
PREFACE

　　数码化进程发展之快，已远远超出了你我的想象。也就几年的光景，再去讨论数码照片是否需要后期处理，似乎意义已经不大。人们已把关注点转移到了更积极、更现实的问题上来了。比如怎样更快地掌握摄影后期处理技术；怎样利用好后期处理技术给作品锦上添花；在面对大量的摄影素材时，如何能高效、游刃有余地整理、筛选等。为了帮助更多的摄影爱好者掌握摄影后期处理技术，作者精心编写了这本书。

　　源自课堂，经验提炼：与其说这是一本书，不如说更像是课堂笔记。作者专职讲授摄影后期处理课程多年，学员们需要一本与面授内容很贴近的步骤实录，于是就有了这本书。在书完稿之前的两年里，课程的内容被改进和修正了三十多次。作者在教学第一线与学员深入沟通，听取大家的意见，获取第一手的需求信息，逐渐提炼和整理出学员最需要的部分。

　　自然跨界，相辅相成：摄影与数码后期处理本就是珠联璧合、相辅相成的关系，这样的跨界自然而和谐。两者并无矛盾，但凡精通其一，再研究另一项只会如虎添翼。作者之前从事电脑美术设计十几年，后跨界摄影也已有五年之久。著有多本风光、人像、微距等摄影图书，并同时面授"微距摄影"课程。作者身为摄影和后期处理的"桥梁"，对两者有更深刻、贯通、全面的体会和理解。

　　精简步骤，提示重点：每一个实例都会经过反复推敲，删除扰乱主体、华而不实的冗余部分，以便整个实例的结构更明朗、思路更清晰。但关键步骤并不会"跳步"，反而讲解得更加详细。对于课堂上学员反复出错、有疑问的地方，会给予提醒。对于实例中需要掌握的知识，在实例开始的部分会给出"核心技巧"提示，以方便读者了解学习的重点。

　　知其然，知其所以然：硬记步骤，死搬硬套显然并不是学习后期处理的最好方法。对于一些经典的技巧，或者作者自己琢磨出的"独家妙招"，会非常详细地给予解释和分析。告知你为什么要这样做，这样做有什么好处。解释的方法也会多种多样，引经据典当然不错，但更多的是以生活中大家都熟知的常识作比喻。让晦涩难懂的技术生活化，变成读者都能理解的道理。书中还特别增加了作者在长期教学实践中总结的软件操作的记忆方法，如快速掌握大量菜单、工具、快捷键的诀窍，让你的学习事半功倍。

　　配套视频学习资料，附书素材：本书附带视频学习资料中包含两部分，主要实例的视频教学文件，由作者本人讲解，另附有书中所用到的素材和源文件，包括JPEG格式照片、RAW格式原始文件和部分PSD格式分层文件，以帮助读者更好地练习书中的实例。

　　本书在编写过程中得到了一些机构的大力支持，如北京雅趣摄影学院、智摄影工作室、《中国摄影师》杂志等，为本书提供了优秀的摄影素材，其作者在书中均有署名（孙先锋、李万清、李智、刘连争、刘大健、赵大力、陈祖纲、梁伟、尹建平、张会凤、苍士杰、李国洋、黄海波、付晓霞、曹雪、姚佳辰、郑红艳、郭鑫垚）。另外，吴全海、薛峰、徐莉、林颜歌、孟梦、薛周彤作为个人，提供了作品或担当模特。在此表示由衷的感谢！其他未署名照片则为作者本人拍摄。因平日工作繁忙，编写仓促，虽然已经尽力，但书中肯定有很多问题没有照顾到。希望读者能够谅解，并指出问题和错误，以便修正和改进，谢谢！联系作者可通过微信、微博、QQ等方式。

微信号：xuexin625　　新浪微博：@薛欣　　QQ号：662002

目 录
CONTENTS

第1章
预处理

第2章
先构图

第3章
后校正

第4章
再调色

第5章
巧润饰

第6章
重创意

第7章
总输出

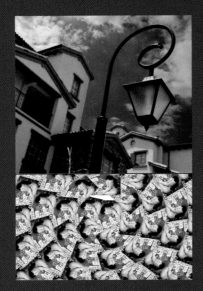

第 **1** 章

预处理

1.1 有RAW格式才不会输在起跑线

1.1.1 为什么不是JPEG格式

为什么不是JPEG格式？其实没那么绝对。打个比方，正如吃多了餐馆里炒的菜，想自己学习烹饪，做出更适合自己口味的菜肴。从市场挑选食材开始，到洗菜、切菜、烹调、添加佐料等所有工序都亲手完成，关于是否保留菜里的营养，以及烹调的火候也都自己掌握。明白了这个过程就很容易理解JPEG格式和RAW格式之间的关系。

JPEG格式正如餐馆里炒的菜，在拍出所谓的"原片"之前，相机制造商已经设计好了润色、压缩JPEG格式的流程，比如调整白平衡、对比度、饱和度、锐度等。这个过程中会产生较大的损失，关键是这部分损失是否是你想损失的？但不管怎么样，你控制不了"大厨"的喜好。

而RAW格式只是没有经过任何处理的原始数据。正如生鲜的蔬菜和肉类，你可以选择想保留和丢弃的部分，你能够决定是清蒸、红烧或者是炖汤，你也可以控制烹调的火候。但不管怎么样，你都是自由的！

我们可以查到很多数据证明RAW更有优势，数据固然具有说服力，但数据太过抽象化，我们需要真真切切对比。

同一张照片分别以RAW格式和JPEG格式拍摄，首先把JPEG格式文件拖入Photoshop，使用"曲线"将暗部提亮。提亮的幅度非常大，导致高光严重溢出，但暗部依旧恢复得很差。这不光是噪点的问题，也由于像素相结成块出现了大量色斑。

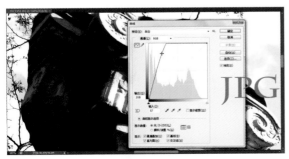

图1-1 暗部严重的噪点和色斑

使用Photoshop自带的Camera RAW打开同一张照片的RAW格式文件。在一定幅度上提升了"阴影"的亮度，可以看到暗部已经恢复。其过渡自然、没有色斑、影调平滑，只有极少量并很容易去除的噪点。仅从这一招相比，高下立现。

图1-2 提亮RAW格式文件的暗部

同样地，分别用RAW格式和JPEG格式拍摄同一张照片，天空苍白丢失细节。在Photoshop中使用"曲线"压暗JPEG格式文件几乎到极致，天空会出现一些蓝色。但白色依然是"死白"没有细节，而地面部分已经漆黑一片了。

图1-3 天空亮度被压暗后高光细节仍然缺失

使用Camera RAW打开这张照片的RAW格式文件。通过简单的调整，比如使用"渐变"滤镜覆盖天空后，可以看到蓝天白云的细节被轻易恢复了。这如同食物中蕴藏的营养，有时需要特殊的加工才能提取出来一样。

从上面的对比可以明显感觉到，RAW格式文件记录的信息量足够多，动态范围也更大。这是因其色彩深度高，通常为12bit或14bit，所以可以保留高光和阴影更多的细节，而JPEG格式文件则是8bit，RAW格式文件明显优于JPEG格式文件。

图1-4   天空丰富的色彩层次

单反相机大多针对JPEG格式设计了各种色彩模式，像鲜艳、人像、风景等，选择相应的模式，相机就替你完成了后期处理工作。但之后的调整余地也就更小了，不少色彩基本恢复不了。如这张在鲜艳模式下拍摄的JPEG格式照片，本身拍摄对象的色彩就足够艳丽，再使用鲜艳模式使照片色彩更加艳丽。在Photoshop中使用"色相/饱和度"恢复JPEG格式文件，发现即便降下饱和度，不少区域也只剩色块而缺少画面细节。

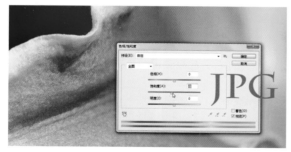

图1-5   降低饱和度后问题没能解决

打开同一张照片的RAW格式文件，RAW格式本身就不会被附加上色彩模式，原本就是"素颜"出场，画面不会更加艳丽。后期处理时加一些洋红的饱和度后，可以看到颜色自然，细节丰富，层次分明。

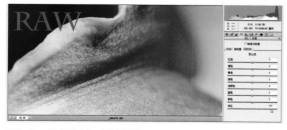

图1-6   颜色自然，过渡平滑

另外RAW格式最值得称赞的一点，就是其完美的白平衡调整。大家都知道JPEG格式如果出现较严重的白平衡问题，就几乎无法弥补了。但RAW格式文件白平衡的调整尺度是自由的，你随时如同回到拍摄状态重新设置一般。我故意使用极端的白平衡设置来展示这一点，分别设置同一张照片的色温为2 000K（蓝）和色温5 0000K（黄），画质几乎看不出任何改变。

图1-7   色温为2 000K（蓝）

图1-8   色温为50 000K（黄）

不但如此，还可以创意地改变白平衡，比如同时改变色温和色调。相比于JPEG格式来说，这仿佛来到了完全自由的"国度"。

图1-9   同时改变了色温和色调

这里只提到了3种差别，RAW格式的优势就可见一斑。当然因为影像基本的素质差别较大，RAW格式占优势的地方还很多，比如噪点恢复能力、畸变修正的能力等，这会留到后文来说，并且本章节也没有提到具体操作，本书的原则是，如果RAW格式和JPEG格式都具备的功能，基于RAW格式的操作会优先演示。

1.1.2 如何获取和打开RAW文件

如需获取RAW文件，在拍摄之前就要在相机中进行设置。每个品牌的相机设置方法类似，通常是拍摄RAW+JPEG、单独的RAW或JPEG三大选择。这里没有固定的要求，摄影师都可按照自己不同的需求进行设置。比如体育和婚礼摄影师为了连拍速度或便于传输和交流，可能更多选择JPEG。而对RAW能够完全掌控的摄影师则选用单独的RAW选项。

另外，最稳妥、自由的选择建议是RAW+JPEG，不过如今相机的文件都大，两者加起来超过六七十兆都很常见，因此消耗大量的存储卡是一定的。笔者选择的就是这种方式，为什么两种文件都要？有以下三点原因

（1）相机自行调出的JPEG如果已经非常完美，直接使用会更加方便，没必要为了调RAW而调RAW，此时RAW只作为特殊需要时的备份。

（2）拍摄时尽量RAW+JPEG，回来在电脑上只保留优选照片的RAW，而将其他RAW删除，这样同样可节省空间。但如果当时没拍RAW，则再也无法补救。

（3）单独的RAW往往产生交流不便，直接输出颜色暗淡，全部调好工程浩大，延误时机。另外，只有专业的软件才能查看。所以同时输出为JPEG会更方便预览和交流。

这其实是出海打鱼的思路，一网下去，不管大鱼、小鱼、虾兵、蟹将，都先捞上来再说，你还别嫌弃网太沉，等拖到岸上再说把大鱼挑出来的事。

照片导入电脑后，Windows是不能直接查看RAW文件的，需要安装兼容RAW的转换或查看软件才行。如果电脑里安装了Photoshop等软件，系统会显示相应的图标，双击即可打开文件。而如果是Lightroom，则会提醒导入该文件夹的所有文件。

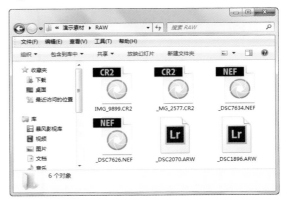

图1-11　在Windows中显示的RAW文件

除了佳能和尼康自己开发的RAW处理软件外，Photoshop（Bridge+Camera RAW）和Lightroom是更加通用的RAW查看、处理和编辑软件。如果你决定选择了某一厂家的软件，就尽量在整个流程中均使用其配套的相关软件，这样会更好地保持一致性和兼容性。比如选用Photoshop，就建议用Bridge来查看RAW文件，而非第三方软件。

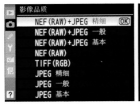

图1-10　尼康、佳能相机设置RAW+JPEG的界面

图1-12　在Bridge中查看RAW文件

因为每个厂家有自己的一套标准，RAW文件的扩展名并不是统一的。除了常见的佳能.CR2和尼康.NEF扩展名外，这里整理了一个列表，方便大家辨识不同厂家的RAW文件。一般来说，位置在前的是相对常见的后缀。

相机制造商	RAW扩展名	相机制造商	RAW扩展名
佳能	.CR2 .CRW	富士	.RAF
尼康	.NEF .NRW	松下	.RAW .RW2
索尼	.ARW .SRF	适马	.X3F
宾得	.PEF .PTX	徕卡	.DNG .RWL
奥林巴斯	.ORF	哈苏	.DNG .3FR

1.1.3 新款相机的RAW读不出来

数码产品更新换代很快，而各大相机厂商又一窝蜂地推陈出新。现在几乎所有高档些的卡片、微单、单电、单反，甚至手机都支持RAW原始数据文件。

但不同厂家、不同型号相机的原始数据文件之间缺乏开放式标准，这些格式的规范不能公开获取。因此，每款新相机上市，想要在Camera RAW或Lightroom中打开编辑，会有时差，需要新版软件的支持。所以常常会出现用户购买了新款相机，而在Camera RAW或Lightroom中打不开的情况。

这里以比较流行的尼康D810的原始文件.NEF为例。当在Bridge中打开该款相机的原始数据文件时，只显示一个.NEF的图标，并不能直接出现缩略图。这说明你的Camera RAW软件版本比较低了。

图1-14　在Photoshop中打开时的错误信息

在网上可以轻易下载到最新版本的Camera RAW。Photoshop CS6用7.x系列的，Photoshop CC用8.x系列的，以及最新版本的9.x系列。下载后的安装目录里有红色图标的可执行文件，安装过程非常简单。

图1-13　在Bridge中查看时的状态

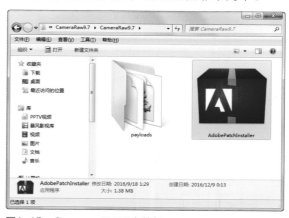

图1-15　Camera RAW安装包

如双击该.NEF直接用Photoshop打开，会出现弹出的错误信息，让你更新Camera RAW，这说明新相机的RAW并没有得到现有软件的支持。

安装中的Camera RAW会有一个更新的进度条转瞬即逝，完成安装后可重新打开Photoshop，或双击新相机的RAW原始数据文件，这里是指.NEF。

图1-17 已经可以打开新款相机的RAW格式文件

图1-16 Camera RAW更新进度条

可以试试更新后的效果了，浏览到刚才尼康D810的RAW文件，可以看到在Bridge中可以正确显示缩略图了。

图1-18 Camera RAW左上角将显示相机型号

双击后，可以打开新款相机的RAW文件并进行编辑了。文件的左上角能够呈现Camera RAW的版本，以及相机的型号。具体哪个版本的ACR（Adobe Camera Raw）支持你的新款相机，可以登录Adobe的官方网站查询。总而言之，升级为最新款的Camera RAW还是最直接有效的方法。

1.1.4 让RAW格式一劳永逸向下兼容

不是所有人都是"技术控"，对于不少朋友而言，升级相机就要升级软件，升级软件就得升级电脑。而你就想一直安稳地用Photoshop CS5而已，它的功能对你来说已经是够强大了。但它自带的Adobe Camera Raw 6.x久未提供新的升级包，这就意味着近两年新上市相机的RAW格式文件都打不开。

能解开新相机原始数据的ACR（Adobe Camera Raw）只能在Photoshop CS6和Photoshop CC上运行。怎么办？想一劳永逸，可以把所有新相机的RAW文件，转换成ACR 6.X能够识别的低版本文件。在网络上下载最新版的Adobe DNG Converter，把新款相机的RAW批量转换为更常用的DNG原始数据文件。过程简单快速，你再也不用担心RAW格式文件打不开的问题，以及恼人的软件升级了。

DNG转换器安装完成，双击图标打开后，在对话框中选好要转换的图像文件夹即可。单击"选择文件夹"按钮，找到放置RAW格式文件的位置。如果包含子文件夹，勾选"包括子文件夹中包含的图像"即可。

图1-19   选择源文件位置

然后选择存储转换后图像的位置，通常为了方便查找，建议选择"在相同位置存储"，这样转换后的图像就会直接放在源文件所在的目录了。当然也可以指定一个新的文件夹。

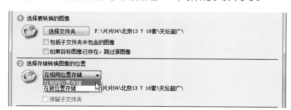

图1-20   选择目标存储位置

不同厂商的RAW原始数据文件缺乏开放式标准，所以这里把文件扩展名设为.dng，可以解决不同型号相机间原始数据文件不兼容问题。所谓DNG（数字负片）就是一种原始数据文件的公共存档格式。

另外，默认兼容性为"Camera RAW 7.1和更高版本"，显然Photoshop CS5需要更低的版本，单击旁边的"更改首选项"。

图1-21   更改首选项

在首选项中的"兼容性"下拉列表中，选择"Camera Raw 6.6和更高版本"。本书撰写时，6.x系列已经升级到6.7.1了，因此在Photoshop CS5中，兼容完全没有问题。

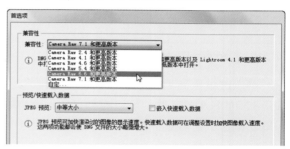

图1-22   选择要兼容的Camera RAW版本

操作完成后，回到主界面，单击右下角的"转换"按钮，开始进行批量转换。这里以之前ACR 6.X无法读取的尼康D600的原始文件为例，将.nef批量转换为.dng。因为数据量大，转换过程会消耗一些时间，请耐心等待。

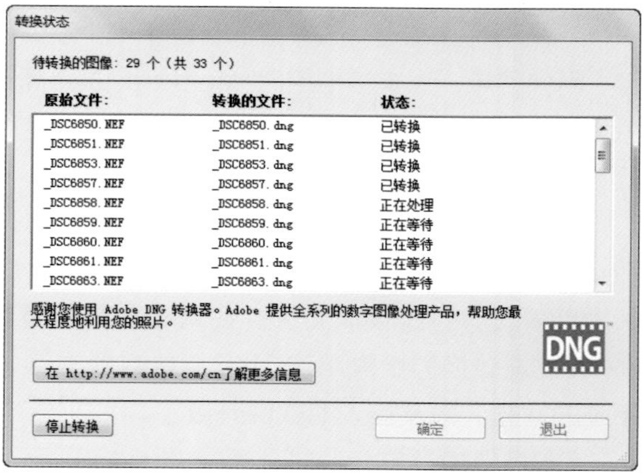

图1-23   将.nef转换为.dng中

　　这样同类型的文件会被排列或分组在一起，想删除或进行其他操作就方便多了。转换成.dng格式文件不但可以提高兼容性，而且文件转换后在信息不丢失的前提下，会使文件占用的存储空间减少，这也算是给庞大的RAW格式文件减负了。

图1-24　按类型排序或分组

　　转换完成后，通常原来的.nef文件就可以删除了。但在Windows系统的文件夹中，一般显示得杂乱无章，它会将.nef、.jpg、.dng，甚至.xmp都排在一起。想只删除.nef的话，一个一个挑选就太不方便了。方法是在文件夹空白位置单击鼠标右键，选择"排序方式"或"分组依据"为"类型"即可。之后选择想删除的文件进行操作。

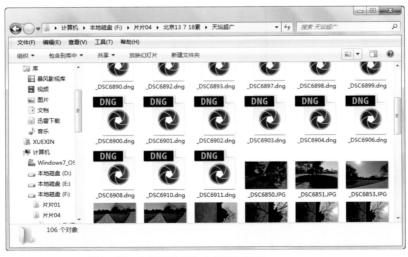

图1-25　按类型排列的文件更好管理

1.1.5 用RAW软件调JPEG不也一样吗

Camera RAW能够打开和调整JPEG和TIFF格式的图片。不少人会觉得，既然JPEG一样在ACR中调用，又何必拍摄又大又不够通用的RAW文件呢？

其实将这个问题理清非常重要。以JPEG为例，ACR能调整它，只是让用户多一种调整方式可用，因为有不少人更喜欢ACR这种简洁的操作界面。这并不意味着RAW中包含的大量原始数据JPEG也同样拥有了，比如暗部和亮部细节，白平衡和噪点的数据恢复等。

从界面上来看，打开两者也有很多不同，这里简单比较一下。ACR左上角，打开RAW显示为相机型号，打开JPEG显示为文件名。打开JPEG时，工具栏上可使用的工具会少三分之一左右。

图1-26-A　打开RAW格式文件的标题栏和工具栏

图1-26-B　打开JPEG格式文件的标题栏和工具栏

白平衡列表中，打开RAW文件时会列出和相机中基本相同的场景预设，如阴天、白炽灯等，而打开JPEG时是没有这些预设值的。

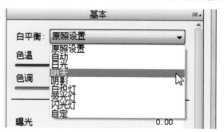

图1-27-A　与相机相同的白平衡预设

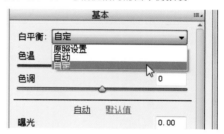

图1-27-B　无白平衡场景预设

打开RAW文件时，会提供一个色温调整滑块，调整范围为2 000°K～50 000 °K。而JPEG文件的色温或白平衡只是ACR模拟出来的，用范围为-100～100的近似刻度来代替温标，并非真实的开氏温标。

图1-28-A　基于开氏温标

图1-28-B　近似刻度代替的温标

另外，整个ACR对话框的最下部，有一个蓝色的链接。单击打开工作流程选项，其中包含色彩空间、色彩深度、分辨率等设置。这些选项在打开JPEG照片时是没有的。

图1-29　工作流程选项的链接

在镜头校正选项卡中，如果打开的是RAW，ACR会启用镜头配置文件，自动识别出使用的相机机型、镜头等，并根据这些提供有针对性的错误校正。

在镜头校正选项卡中，如果打开的是JPEG，则缺少"配置文件"选项卡。另外识别不出使用的相机机型、镜头等信息，只能手动进行相关校正。

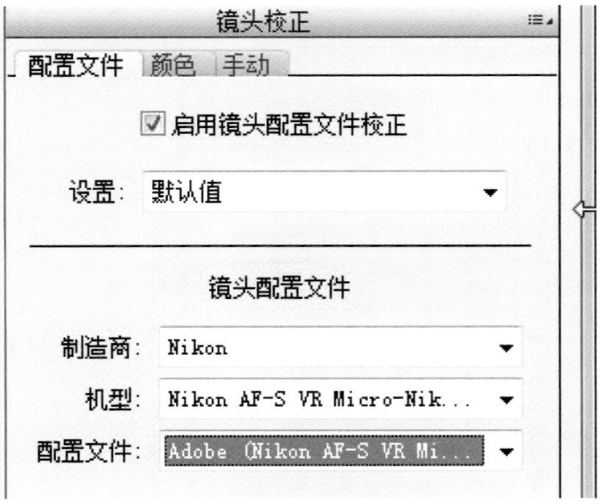

图1-30　自动识别出使用的机型、镜头等

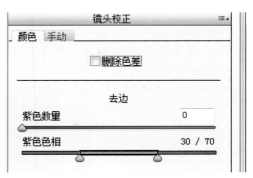

图1-31　缺少"配置文件"选项卡

如何控制用谁打开JPEG文件也是个问题。通常双击后直接就进入Photoshop了对吗？而如果希望用Camera RAW打开JPEG文件。默认是在Bridge中，选择JPEG文件，然后单击工具栏上的"在Camera RAW中打开"按钮即可用ACR打开JPEG。如果仍然不行，可单击菜单"编辑>Camera RAW首选项"，在该对话框的最下面，可设置完全禁用或强制打开JPEG文件。除"禁用JPEG支持"外，其他两项都是可以尝试的。以上都以JPEG为例，TIFF的操作方法也是一样的。

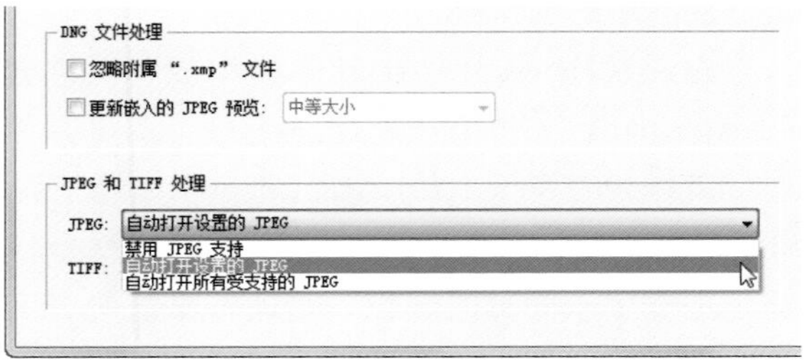

图1-32　如何控制是否直接打开JPEG

笔者其实建议大家连JPEG也用Camera RAW调整，一是Camera RAW非常有助于摄影师理解软件的意义，因为它的设计理念和结构是针对摄影师的，所以用起来更加简单方便。另外，新版本的Camera RAW已经足够强大，如果真正能应用熟练，大部分的常见操作也就没必要非用Photoshop了。

1.2 后期处理软件怎么选

1.2.1 选择最适合你的后期处理软件

在比较流行、通用的摄影后期处理软件中，我们常会提到Photoshop（PS）、Camera RAW（ACR）和Lightroom（LR）这三款，它们都出自Adobe。通用性当然非常重要，比如我们可能会在不同的时期购买不同厂家、不同型号的相机，其产生的RAW文件肯定是不同的，品牌和型号的兼容性就是个大问题。因此我推荐使用较通用的软件，学习资料也多，影友们交流起来也更容易。但既然是这样，同一厂家为什么会出三种主攻方向的相似软件，这让很多影友感到困惑并难以选择。下面就详细分析它们之间的关系和特点。

Step 01   两种后期处理解决方案各有利弊

说到它们的不同，很多朋友自然而然地分析软件功能上的差异。其实从根本上来说这是市场细分后得出的不同解决方案。学习的难易程度、价格的巨大差异，面对不同需求的用户而已。两套解决方案分别如下。

解决方案（一），Photoshop+Bridge+ Camera RAW，特点：豪华、强大、复杂、昂贵，一步到位，满足一切梦想。

解决方案（二）：Lightroom，特点：流程化、实用、高效、便宜、易学，也许无法满足影友日益高涨的创作欲。

先说说Photoshop软件的构成和组件分工，完整组成包括Bridge和Camera RAW。Photoshop主要用于处理JPEG，本身并没有RAW文件的处理能力。而Camera RAW是出厂就挂接在Photoshop上的一个专用于弥补Photoshop这方面缺陷的插件。那么Bridge作为Photoshop的一部分，顾名思义就是作为PS和ACR之间的"桥梁"。它是个照片浏览器，主要用于图片的组织、管理，不管是JPEG还是RAW都能够兼容。

图1-33　作为连接PS和ACR的桥梁

Camera RAW和Lightroom基本上可以算是亲兄弟，两者的照片编辑内核几乎完全一样，都可以无损地处理RAW文件。Lightroom也可粗略地认为是Bridge+Camera RAW集成化、一体化版本，功能同样是浏览、管理、编辑和批量处理等。

本质上两者是运行方式不同，ACR+ BR直接针对文件本身进行浏览、管理，BR算是个加强版的Windows资源管理器。而Lightroom是基于数据库式的管理，导入的照片本质是含有照片记录的预览目录。其中包含文件链接位置及预览、描述照片的元数据等相关信息。也就是说在照片导出成JPEG之前，所有操作是针对数据库中的虚拟数据，并不会对照片本身有影响。

另外，功能上的差异也是有的。Camera RAW因为只是隶属于Photoshop的一个插件，虽然内核上与Lightroom相同，但本身不能独立运行，还有不少功能还需仰仗Bridge和Photoshop的支持。但背靠大树好乘凉，在与Photoshop的整合和互动上要比Lightroom略胜一筹。

图1-34　Camera RAW界面

而Lightroom讲究的是一站式解决方案，所以是"麻雀虽小，五脏俱全"。其优势在于从导入到管理、编辑、导出的全套流程化操作，而这一切是可以不依托任何软件独立完成的。而软件设计的精致程度和附加功能，如地图、书籍、打印和Web输出等，也都是Camera RAW不具备的。

Step 02　从不同角度来理解软件间的区别

为了从不同角度来理解它们的区别，我再打两个比方。假设PS算一类软件，而LR和ACR+BR同属于另一类。

在照片编辑方面，PS更像是"整容整形"。除了基本的美化之外，PS还可以做一些类似"接骨""去脂"这样复杂的、物理上的改变，甚至无中生有也不在话下，能实现几乎所有你能想到的改变。而后者更像是"美容化妆"，只是基本的瑕疵掩饰和色彩改变，但不做结构上的复杂变化，更不会有"手术"。当然，也需要照片本身质量比较好，正如外貌完美的人无需整容整形是一个道理。

图1-35　Photoshop完成非常复杂的任务

　　而从照片的单张处理和批量管理这个角度来形容，Photoshop更像是"猛将"，正所谓"百万军中取上将首级如探囊取物"，其针对单张照片的处理能力非常强大。PS提供了完善的选区、蒙版、通道、滤镜、混合、3D等功能。强大到几乎一半的功能对于摄影师后期处理来说是用不上的，也许偏重于设计、动画、3D或其他领域。然而Photoshop的管理和组织能力倒是很一般，要借助Bridge。批处理能力虽然也很强大，但使用起来过于复杂了，需要录制动作，还要设置众多很难理解的选项。

　　作为后者，Lightroom这类软件更像是"元帅"，单兵作战的能力也许不够强，但管理、组织"千军万马"的能力却举重若轻。比如批处理和同步功能简单易学，分类和筛选非常方便，对于添加水印和建立相册、幻灯这类日常操作效率奇高等。

图1-36　Lightroom的管理功能强大

Step 03　**总结两种解决方案的优缺点**

解决方案（一），Photoshop+Bridge+Camera RAW功能非常强大，可以获得终极的解决方案。Photoshop是经过多年优化改进、千锤百炼的经典软件。因此对于长期熟悉Photoshop的用户来说，上手快，也不必再安装其他的软件了。缺点是，体积庞大，价格昂贵，对新手学习难度较大。正所谓"青龙偃月刀"虽然无敌于天下，但并不是所有人都能抬得起、舞得动的，也不是所有人都需要的。

解决方案（二），Lightroom体积相对小，操作比较简便，批量处理效率高，价格比较便宜。最重要的是提供专业画质的输出和一站式的解决方案。比较适合对画质要求高，摄影水平比较高，但电脑操作水平较普通的专业摄影师。说得再直白点，就是你拍的片子已经接近完美，需要画龙点睛或锦上添花时用LR。原因很简单，LR对素材不够完美的照片会束手无策，如复杂的修补、精致的细节控制，简单的合成等。它不支持图层、通道、滤镜等，而蒙版、文字等功能又非常弱。另外，需要特别提到的是，因为习惯了对照片的直接操作，LR的导入式数据库管理方式让初学者感到不适应。

1.2.2 飞去来兮，在PS和ACR之间穿越

在一线的教学中，我能体会到很多学员之所以觉得PS难，多数是因为不懂电脑。一旦涉及的软件多了，往往不知道自己身在何处，更别谈操作了。本节来说说软件的组成部分，以及它们之间是怎么切换的。

通常意义上的Photoshop由三个部分组成。

Photoshop（PS）软件主体，用来精细处理照片，支持图层、蒙版、通道等。

Bridge（BR）图像浏览器，用来浏览和管理大量的照片，包括RAW文件。

Camera RAW（ACR），用来打开和编辑RAW原始数据文件。

这三者是互相联系，相辅相成的，安装时就在一起的。另外，最新版的Photoshop CC，需要单独安装Bridge软件。

那这三者是如何彼此切换的呢？先打开Photoshop主界面，执行"文件>在Bridge中浏览"，即可进入Bridge的浏览界面。

图1-37　在Bridge中浏览

在Bridge的界面中，要想进入Camera RAW，需要先选择RAW、JPEG或TIFF文件，单击上方工具栏上的在"Camera RAW中打开" 🖸 按钮即可。

图1-38　在Camera RAW中打开

要想从Bridge中返回Photoshop，可单击上方工具栏的"返回Adobe Photoshop"按钮。

图1-39　返回Adobe Photoshop

当然也有其他方法从Bridge中切换至Camera RAW，就是在文件上单击鼠标右键，在菜单中选择"在Camera RAW中打开"，这和之前的效果相同。

图1-40　在右键菜单打开Camera RAW

Bridge和Camera RAW是紧密相连的，比如在ACR中任意调一下颜色，并且进行简单的裁剪，单击右下角的"完成"按钮就退回到Bridge。

图1-41　在Camera RAW中简单调整

回到Bridge，可以看到浏览状态已经更新了，刚才编辑的图像右上角出现了两个小图标，分别代表已对该图像进行了调色和裁剪的操作。双击可再次回到Camera RAW中调整。

图1-42　图像右上角出现了两个小图标

至于Photoshop和Camera RAW又如何紧密结合，请看下面的内容。

1.2.3 Photoshop与Camera RAW优势能否鱼与熊掌兼得

　　Photoshop的强大之处在于其卓越的修补、混合与综合再创作能力。Camera RAW则善于从原始数据中恢复暗部和亮度细节，以及随意调整白平衡等。而对方擅长的，正是自己欠缺的。如果鱼与熊掌兼得就太好了，可以将对照片的控制提升到更高的层次。

图1-43　背景暗，有椅子
摄影：李智　　模特：曹雪

图1-44　提亮背景，修掉椅子

核心技巧

A：“打开图像”与“打开对象”之间的区别，以及智能对象缩览图的作用。
B：与智能对象结合，通过新建图层实现修补、文字、滤镜等的方法。

前提当然是拥有该照片的RAW格式文件。很显然，提亮较暗的背景是Camera RAW的拿手好戏。将阴影项拖曳到最右至"+100"以找回暗部细节，背景亮度已被提高。再适当调整其他选项，比如减少清晰度以简单磨皮，加强对比度和饱和度等。

图1-45　提亮背景找回暗部细节

进行细节控制也是Camera RAW所擅长的，如锐化和减少杂色，RAW格式文件都比基于JPEG格式文件拥有更大的调整空间。当然需要调整的细节还有很多，如去暗角、强化个别颜色等。因为本例的重点不在这儿，所以就不再赘述，假设RAW格式文件已完成调整。

图1-46　进行锐化和杂色调整

接着就是关键的一步了，对话框的右下角有"打开图像"或"打开对象"按钮，可以按Shift键切换。

如选择"打开图像"，则照片将在Photoshop中以普通背景图层的形式打开，与原RAW格式文件脱离关系。即便再回到Camera RAW中，刚才调整的参数也会被丢弃，文件将被当成

JPEG格式图像来对待。

如选择"打开对象"，则文件将在Photoshop中被打开成智能对象。可随时返回Camera RAW继续调整，之前调整的参数被保留。调整完的效果将被更新到Photoshop的智能对象上。

图1-47　按Shift键可切换按钮

如果你习惯于某一种打开方式，可单击Camera RAW对话框底部中间的链接。在弹出的"工作流程选项"对话框中，勾选或取消勾选"在Photoshop中打开为智能对象"，这样就没必要每次都按Shift键进行切换了。

图1-48　在Photoshop中打开为智能对象

如果打算同时利用Photoshop和Camera RAW的优势，当然要勾选"在Photoshop中打开为智能对象"。单击"打开对象"按钮后，照片即在Photoshop中以智能对象的方式被打开。图层调板中的"智能对象缩览图"图标就是能够在Photoshop和Camera RAW中穿越的"时间隧道之门"。

图1-49　智能对象缩览图

智能对象其实"包裹"了一个RAW格式文件，它可以直接利用滤镜达到相应效果。看起来像是改变像素了，实际却不会破坏RAW格式文件本身。比如手臂因为挤压形态不够完美，可以执行"滤镜>液化"命令进入液化对话框对手臂进一步塑形。

图1-50　用液化滤镜对手臂塑形

确定后，可以看到液化并不是在图层本身施加的效果，而是以外挂效果层的形式，并且自带蒙版。不但可以随时关掉这个液化效果层，而且可以通过蒙版控制效果影响的范围。

图1-51　智能滤镜的效果和自带蒙版

智能对象是非常优秀的功能，但也有一些局限。比如要用到一些破坏性的操作，如修补、绘画等，是不能在智能对象上直接操作的，需要栅格化图像才行。可以通过修补和绘画等都在新透明图层上进行来解决这个问题。

图1-52　破坏性的操作需要栅格化

新建一个透明图层。选择"仿制图章"工具，在其选项栏上设置样本为"所有图层"。使用Photoshop强大的修补功能把角落的椅子去除。

图1-53　修掉角落的椅子

下面为画面添加文字，文字工具基于矢量，使用时本身就是要创建新的图层，所以直接在画面中输入文字就可以了。文字还可以编辑艺术造型，没有任何阻碍。相应的矢量形状、图层样式、钢笔路径、混合模式等都是类似用法。而这些丰富的功能是Camera RAW所欠缺的。

图1-54　添加文字和图层样式

经过了这么复杂的过程，RAW格式文件是否还能够在Camera RAW中编辑呢？记得智能对象缩览图吗？它是在Photoshop和Camera RAW之间自由"穿越"的通道，现在双击它。

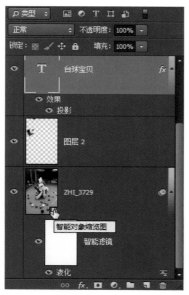

图1-55　双击智能对象缩览图返回Camera RAW

如果你是Photoshop CC的用户，还能多出一种选择。在Photoshop CC中，Camera RAW被当成滤镜在"滤镜"菜单中列出，单击它同样可以返回。但需要明白，之前以对象打开仍然是必要的。如果不是智能对象，即便能返回到Camera RAW中，也是以JPEG格式的形式存在，之前设置的参数都不会有，同时失去了RAW格式文件的数据信息。

图1-56　滤镜中可选Camera RAW

现在顺利返回Camera RAW，所有参数都在，可以继续设置。比如为了效果明显起见，我把绿色的台球桌改为蓝色，直接单击右下角的"确定"按钮按钮。当然，也可以修改任何其他的参数。

图1-57　在ACR中将台球桌改为蓝色

怎么样？再进入到Photoshop的界面。所有效果都在，并且台球桌已被修改为蓝色。因为附加的修补、文字等效果都是在Photoshop中操作的，所以如果要得到最终的效果，当然是用Photoshop以JPEG格式文件输出。

图1-58　调色效果已在Photoshop更新

通过大量的实验，几乎所有的Photoshop效果都可以与"包裹"RAW的智能对象结合使用，如滤镜、修补、调色、样式、形状、路径等。结合手法包括新建透明图层、复制图层、调整图层等，原则是尽量不要在原图层上操作。

1.3 浏览、筛选与过滤照片

1.3.1 幻灯片放映

拍摄的照片要给家人朋友展示，最高效直观的方法就是使用幻灯片放映。首先需要在Bridge中找到需要查看的文件夹，然后在菜单中执行"视图>幻灯片放映"，或按Ctrl+L组合键即可。

在自动播放过程中可以按键盘上的左右方向键控制播放速度。+和－键用来放大和缩小照片。如有不了解的快捷键，可以随时按H键寻求帮助。

图1-59 按H键弹出的帮助信息

如对幻灯片放映的切换速度、过渡效果不满意，可以执行"视图>幻灯片放映选项"。在该选项中，可以设置翻页速度，以及过渡效果，如溶解、移入等，并且可以控制过渡时间的长短。

图1-60-A 幻灯片放映选项

图1-60-B 过渡效果切换

如果想把这个过程固定下来变成一个文件，在其他没有Photoshop软件包的电脑上查看。可在Bridge中执行"窗口>工作区>输出"，输出成PDF文件或Web照片画廊的形式。以PDF电子书或网页的方式来查看。在新版的Photoshop CC中该功能被取消。

图1-61 输出成PDF格式文件或Web照片画廊

1.3.2 在审阅中进行照片筛选

在Bridge中有一个审阅模式非常有趣，可以直观地称它为"全屏滚动选片台"。先在Bridge中进入要选片的目录，然后执行菜单"视图>审阅模式"，或按Ctrl+B组合键即可进入该模式。进入全屏审阅状态后，左右拖曳鼠标，或使用键盘左右方向键实现照片滚动。

确定最终要选的一批照片后，可以单击审阅模式右下角的"新建收藏集"按钮，弹出一个对话框，提示为收藏集命名。

图1-62　审阅模式滚动浏览

图1-64　为收藏集命名

如果选片时想要删除某张照片，可以按向下方向键。当然可以操作的功能还有很多，如评级、旋转等，基本都是靠快捷键来进行。如果记不住这么多快捷键，可以随时按H键寻求帮助。

所谓收藏集，是指组织起来的临时照片集。它并不包含实际照片，而是为了灵活地管理照片，而将照片快速组织在一起以便进一步处理的简单方法。可以建立多个收藏集以便于不同的用途，而这样并不会增加硬盘的负担。

图1-63　随时按H键寻求帮助

图1-65　收藏集组织了20张照片

1.3.3 多图联动比较细节

摄影师们往往对同一场景拍摄多张照片作为后补。一是避免万一失手拍虚，二是尝试不同构图或景深之间的微小差别。Bridge中提供了一个悬浮放大镜功能，它不是放大整个图片，而是放大你要比较的局部细节。实现摄影师们常说的"100%截图"功能。

首先同时选择要对比的两张以上的照片，执行菜单"视图>审阅模式"或按Ctrl+B组合键进入该模式。在两张图要对比的细节位置依次单击，可以看到在被单击的位置放大镜中放大。

图1-66　审阅模式使用放大镜

上述功能不仅在审阅模式可以实现，在预览面板中同样包含这个功能。如果预览面板不在界面中，可执行菜单"窗口>预览面板"将其调出。不仅可以在两张照片中作比较，预览面板支持9张照片，而审阅模式支持4张同时放大比较细节。

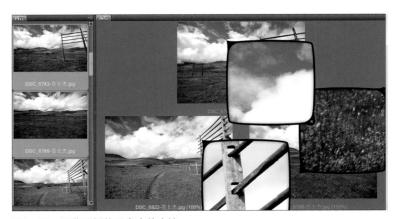

图1-67　预览面板使用多个放大镜

使用放大镜功能，显示的内容还可以进一步放大，以比较细节中的细节。方法是使用鼠标滚轮来回滚动，即可缩放放大镜中的画面。

图1-68　通过鼠标滚轮缩放

1.3.4 按拍摄参数过滤照片

通常众多照片混在一起时，需要分别进行管理和编辑。例如，朋友需要一批慢门雾化瀑布的照片，而这些照片又是零零散散拍摄的，人工选择不方便。但你知道拍雾化瀑布的快门速度的区间，只需在过滤器中选择快门范围，即可把相应的照片筛选出来。如果界面中没有过滤器，可选择菜单"窗口>过滤器面板"将其打开。

再比如希望对所有高ISO拍摄的照片进行降噪处理。在过滤器面板中选择ISO感光度，选择最高的两项感光度500和800，这样相应的照片就被过滤出来，等待下一步的操作。

图1-71　将高ISO照片过滤出来

图1-69　左侧为过滤器

比如，现在想把所有佳能相机拍摄的照片过滤出来。在过滤器面板中选择机型，然后在列表中选择7D和50D等佳能型号的相机，右侧的内容面板会显示过滤后的结果。

过滤器的限制参数非常齐全，包括镜头、光圈值、快门等。比如按光圈值就能够粗略过滤出是大光圈拍摄的人像，还是小光圈拍摄的风光等。

其中焦距还分是全画幅相机的焦距，还是35mm等效焦距，这样便于使用APS-C或4/3画幅的用户过滤照片。

图1-70　将佳能相机拍摄的照片过滤出来

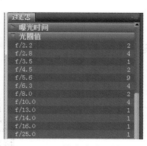

图1-72-A　按大小光圈值过滤

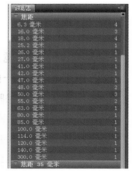

图1-72-B　按焦距过滤

1.4 不可不知的实用信息

学习后期处理软件，以Photoshop为例，最大的障碍就是众多的菜单、工具，以及快捷键。这几乎让每一位初学者叫苦不迭。而如果能掌握学习的诀窍和普遍规律，其实快速玩转Photoshop也并非难事。这里笔者总结了一些方法与读者分享。

1.4.1 删减法迅速驾驭菜单命令

Photoshop有多达11个菜单（不同版本有少许差别），每个菜单里分列多条命令，部分命令还引申出众多的子命令。逐一记住每条命令，显然是不太容易的。学习也要讲方法、讲策略。所谓擒贼先擒王，通过删减法，找出其中最重要的菜单。这里先以倒序逐一排查。

帮助：这项不必解释，任何产品都有说明书，需要时来查即可，平时可忽略。我相信多数读者更愿意使用百度查询，而不看帮助。

窗口：所有的软件都有此项，作用是是否显示软件里的面板或窗口，这很容易理解，可以直接忽略。

视图：用来设置标尺、参考线或一些警告信息是否显示，以及如何显示。只要理解了这一点，选项同样可以忽略。

3D：摄影师基本上用不到3D，可直接忽略。

滤镜：所谓滤镜，即特殊效果。通常的使用方法就是，执行一条命令，得到一个效果。懂得这一点，就可忽略。

选择：大部分选择的操作通过工具都可以实现，用到菜单的时候少之又少，因此忽略此项。

文字：大部分文字的操作通过工具和面板都可以实现，用到菜单的时候少之又少，因此忽略此项。

图层：大部分图层的操作通过面板都可以实现，用到菜单的时候少之又少，因此忽略此项。

说到这里，11个菜单已经被我们大刀阔斧地"砍"掉了8个，是不是感觉很痛快呀？在

继续之前，先跳过"图像"菜单，正序从头开始删减。

文件：但凡用过软件的朋友都知道，该菜单无非包括一些新建、打开、存储之类的命令，无需解释，可直接忽略。

编辑：同样的，大部分软件都有此项，基本上是复制、粘贴、剪切之类的命令，可忽略。

"好快的刀"，11个菜单已被我们砍掉了10个。显然，剩下的"图像"菜单就是我们学习的重点了。摄影师最常用的调色命令，如色阶、曲线，以及对照片的基本操作都汇集在此处。经过删减，需要关注的内容已经寥寥无几，那就集中精力学习这个菜单吧。

图1-73　"图像"菜单

当然，被我们"轻率"删减的菜单里肯定存在需要保留的命令项。这里只是给朋友们提供一种策略。抓住重点，找到普遍规律，集中精力对付重要或特殊的项目，效率就会大幅度提高。

1.4.2　归类法冲破工具箱谜团

再来看工具箱，面对着形态各异的图标工具，初学者往往不知所措，用的时候"翻箱倒柜"也不能及时找到。其实软件本身已经给用户进行了非常科学的分类，秘密都隐藏在一条"小横杠"上，而如此重要的辅助信息却被大多数人忽略了。

图1-74　组与组之间的隔断

这里通过"小横杠"的指示，可把工具箱分为四大组。分别为"区域范围组""润色修饰组""矢量绘图组"与"视图控制组"。利用删减法，可先忽略"矢量绘图组"，该组的工具多用于矢量绘图，插画师、美术师用得比较多。对于摄影师来说，很少用到，当然，除了里面的文字工具。

图1-75　矢量绘图组

那么剩下的三组，就可总结为：用"区域范围组"的工具框定目标，然后用"润色修饰组"的工具执行效果。一句话就是"先瞄准（锁定目标区域），再打击（执行效果）"。

"视图控制组"则是切换工作环境并辅助其他工具的使用，其实就是"后勤支援"。真的如我所说的那么简单吗？不如展开每组工具逐一查看。

"区域范围组"里的工具基本上都离不开区域和范围这两个关键词。各类选框工具都用来选择各种形状的局部范围。裁切和切片工具也同样获取某个区域和范围。吸管工具用来提取某个区域的颜色样本，标尺用来测量某个区域的长度和角度。理解了这些，只要涉及区域和范围类的操作，就到这组工具里查找。

图1-76　区域范围组

"润色修饰组"的工具说得再直白点，就是弥补缺陷与"化妆整容"。哪些地方有缺陷了，可用各类智能修复工具或仿制图章来修整。想要删除某些区域，可用橡皮擦除。哪些地方不够美观了，可用画笔、海绵、锐化之类的工具对其上色，或使之更清晰等。如果使用"区域范围组"的工具圈定了范围，那么所有的润色与修饰操作都只针对圈选区域。

图1-77　润色修饰组

"视图控制组"本身不产生实质效果，更多的是用来辅助修图。比如对照片进行放大、缩小与移动，切换前背景颜色，切换快速蒙版状态，切换到全屏模式方便查看等。

图1-78　视图控制组

经上述分析，似乎没有想象中的困难。其实本身就简单，只要找到规律，快速学会工具就不成问题了。

1.4.3 搞定"要命"的快捷键

快捷键相对于菜单和工具来说，是初学者最头疼的事。特别是对一些不熟悉电脑操作的中老年摄友来说，是很难跨越的一道"坎儿"。

其实快捷键看起来多如牛毛，如果善于总结，最主要的也无非是3个。Ctrl、Alt、Shift，然后就是这三个键的各种组合了，对吧？

图1-79　三个最常用快捷键

先来介绍Ctrl键，此为控制键，在Photoshop中的大部分作用与Windows中相同，比如Ctrl+A组合键是全选，Ctrl+N组合键是新建，几乎所有的软件都是这样，记住这一点也就不难了。当然也有少数例外，但主要用来控制，死记即可。

再来介绍Alt键，此键在Photoshop中的作用大约有3种。

（1）取样，比如用于图案仿制时取样。

（2）复制，比如在选区状态下按Alt键并拖曳鼠标，可复制选区内容。

（3）从中心绘制，比如从中心绘制选区时。

记住Alt键的这些特性，就基本掌握它的用法了。另外，在编辑选区中，Alt键有减去的功能。

然后就是Shift键，它在Photoshop中的主要作用就是"约束并按照某种规则"。比如：

（1）约束平行、约束角度，约束正圆、正方选区等。

（2）按照约定好的某种规则执行连续的选择、复制、变换、绘制等。

另外，在编辑选区中，Shift键有添加的功能。

需要注意的是，毕竟Photoshop是国外的软件。略懂一些英文对学习软件有很大的帮助，因为很多快捷键都是以英文首字母来设定的。比如文字工具的快捷键为T（Text），色阶就是Ctrl+L组合键（Level），如果熟悉英语，自然而然就会猜到。

如果读完上述内容，你还是难以运用怎么办？比如操作困难，这是一线教学中最常见的问题。

第一，例如你的本意是想通过按下Ctrl+D组合键取消选区，但常常在操作时会不小心框取了某个非常小的选区，因各种原因没被发现，就会导致图章、画笔等工具"无法使用"。

第二，如果部分工具无法操作，就尝试按下键盘左上角的Esc（Escape）键。

图1-80　左上角的Esc"逃跑"键

1.4.4 查看详细的拍摄参数

查看照片的详细拍摄参数，对于学习摄影来说是非常重要的。一是可以从自己的照片参数中总结出经验教训。二是从别人优秀的照片中得到有价值的数据并模仿学习。你会更深刻地了解问题到底出在哪儿，是快门慢了，还是光圈小了，等等。

执行菜单"文件>在Bridge中浏览"进入Bridge中。如果没有元数据面板，可以在Bridge中选择菜单"窗口>元数据面板"。元数据面板中包含的内容较多，最重要的就是"相机数据（EXIF）"，选择某张照片，就会详细列出拍摄参数，包括光圈、快门、感光度、白平衡等，甚至连机身序列号和拍摄时是否开了闪光灯都会被列出。

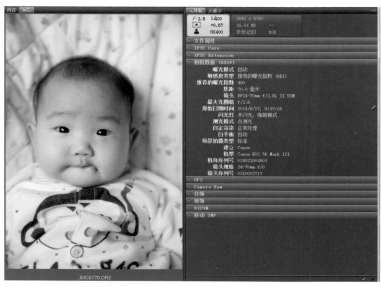

图1-81　相机数据EXIF

另外一个比较重要的就是文件属性和Camera RAW信息。除了基本的色彩空间、文件大小之类的信息外。很多人最关心的是照片有没有改动过，是用什么程序在什么时间改的，如果是JPEG，这里都会列出。而如果选择的是RAW文件，在Camera RAW一项也提供了详细的编辑信息。

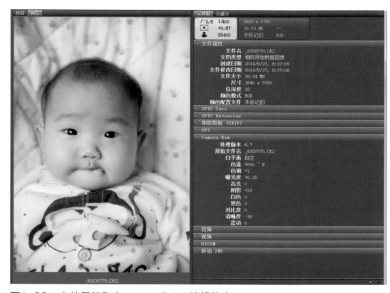

图1-82　文件属性和Camera RAW编辑信息

如果想同时浏览到多张照片的拍摄参数怎么办？在Bridge的右下角，有一个小按钮叫"以详细信息形式查看内容"，可单击这里。

图1-83　以详细信息形式查看内容

内容浏览区域会形成这样的照片加信息列表的形式。其中包含了基本的文件信息以及相机数据EXIF，以这种方式可以宏观地了解多张照片的基本情况。

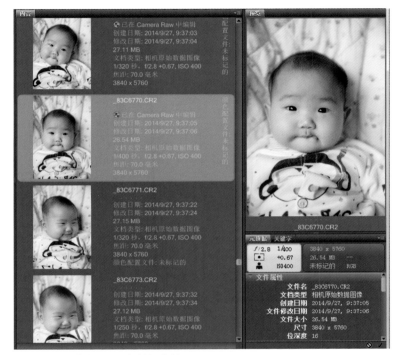

图1-84　浏览多张照片的拍摄参数

如果觉得进入Bridge有些麻烦，当然也可以在Photoshop中查看。方法是打开一张照片，执行菜单"文件>文件简介"，单击"摄像机数据"选项卡。这个"摄像机数据"其实也就是相机数据，只不过是翻译的差别而已。

图1-85　在Photoshop中查看摄像机数据

如要寻求专业的解决方案，希望得到该照片细致入微的拍摄参数。可下载OPANDA IEXIF软件，它是专业的相机数据查看器，包括图像信息、相机拍摄记录、厂商注释等，需要翻两三页才能看全。

图1-86-A　图像信息和相机拍摄记录

图1-86-B　厂商注释

有时摄影师为了保护自己的著作权或其他相关权益，不希望自己照片的相机数据EXIF被"赤裸裸"公开。而又因为一些特殊需要，要对拍摄数据进行修改。这就用到了OPANDA IEXIF和Opanda PowerExif软件。这两个软件，一个用来查看，一个用来编辑。

打开Opanda IExif软件，拖入一张照片，可以看到相关的拍摄信息。在工具栏单击"编辑"，调用Opanda PowerExif软件对照片的信息进行修改。

图1-87　进入EXIF编辑状态

这时进入另一个软件中，也就是Opanda PowerExif。直接单击工具栏上的"清除EXIF"，照片所有的内嵌数据都将被清空，直接单击"保存"即可。

图1-88　清除照片的EXIF

那么如何修改拍摄参数呢？同样用Opanda Power-Exif打开照片。在参数列表中，双击想要修改的参数，如光圈、快门、感光度等，弹出一个修改列表。比如这里想修改曝光时间（快门速度），就在列表中选一个值即可。

图1-89 修改曝光时间

甚至可以将某张照片的信息替换成另一张照片的。比如这张刚才清除EXIF的照片，原来的信息显示为索尼微单拍摄。这里替换成其他型号的相机，单击工具栏上的"导入"。

图1-90 导入其他EXIF信息

导入EXIF数据，其实就是选择另一张照片。软件会自动提取它的数据。这里导入的是松下相机的照片，可以看到EXIF已经被提取出来了。

图1-91 提取出其他照片的EXIF

完成后可以看到，这张明明是索尼相机拍摄的照片已经变成松下相机拍摄的。保存时它会有试用版提示，大部分主要信息都将被替换，个别的需要注册才行。另外，注册后进行批量清除，以及修改EXIF信息的操作，就可以同时清空大量照片的EXIF数据了。

图1-92　保存并替换相机信息

在摄影后期处理和设计领域，Windows（PC）系统与Mac OS（Apple）系统基本上平分秋色。系统之间颇有渊源，因此总体使用上差距不大。但在Photoshop的具体操作上，两者在常用快捷键上有些细微差别，这里悉数列出以方便对比。

Windows(PC)	Mac OS (Apple)
Ctrl	Command
Alt	Option
Shift	Shift
Backspace	Delete
Enter	Return
右键单击	Ctrl+单击/两手指轻点触控板
上下键切换混合模式	Shift+上下键切换混合模式
F系列功能键（F1~F12）	按Fn+（F1~F12）

 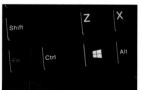

例如，复制快捷键在Windows系统中是Ctrl+C，在Mac OS系统中就是Command+C。Windows系统中变换复制为Ctrl+Alt+T，在Mac OS中就是Command+Option+T，以此类推。

另外，这里列出的对照只是针对大部分的情况，因为系统在不断更新和改进，不同机型也有些差异。比如新款苹果笔记本触摸板取消了物理按键等。因此对照表只做参考，如遇到具体问题还要查看机型自带的说明书才更准确。

1.4.5 指尖上的Photoshop

在旅行摄影中，摄影师并不轻松。他们的装备包括一到两台单反机身、两三支镜头、闪光灯、三脚架等，这还不算行李中的日常用品。如果为了用Photoshop再带个笔记本电脑简直就是在惩罚自己。特别像我这样不喜欢托运行李的人，出门所带装备的重量真是需要计算一下。

这不,Photoshop出了触摸版本(Photoshop Touch)。可以在基于苹果或安卓系统的平板电脑和手机上使用,别看是简化过的版本,却包含了大部分传统Photoshop的功能。

图1-93 支持触摸操作的Photoshop

你可能会觉得平板电脑和手机上有很多图片处理软件了,没必要再用Photoshop了吧?注意,这是专业图片处理软件。正所谓麻雀虽小,五脏俱全。你以前熟悉的选区、调整、滤镜等功能全都具备,甚至还支持图层、混合模式、多图叠加合成等,这些可不是普通手机修图软件能提供的功能。

图1-94 常用的调整功能

比如执行一个最常用的"曲线"命令。用手指在屏幕上拖曳即可调整曲线。单击左侧色块还可以支持红、绿、蓝分通道调色。

图1-95 曲线可分通道调整

此款软件最贴心的是自带一个分步骤教学功能，包括一些常用的效果，如更换背景、替换颜色、创建相框等。

图1-96　提供的多个教学演示

这个教学功能是跟踪提示型。提示步骤和错误信息，最下面有详细的解释文字。

图1-97　按步骤的教学演示

本例是基于三星10.1平板电脑演示的，在iPad或手机上的软件基本相同。另外，同样是触摸版本，手机上是另一个针对手机优化过的单独的版本。

第 **2** 章

先构图

2.1 裁剪与重新构图

2.1.1 按比例裁剪照片并重新构图

◆ 裁剪的基本手法

　　裁剪就是去除照片中一些不想要、不美观的多余部分，让主体更突出、画面更简洁。另外，就是拍摄时构图太草率了，通过裁剪可以重新构图。

　　如今的裁剪功能更接近Lightroom的操作方式。使用"裁剪工具" 时，无需再像"经典模式"通过拖曳鼠标绘制选框，画面边缘直接会出现一个虚框。

图2-1　添加边框前的界面

　　拖曳虚框的边或角，就可以设定要裁剪区域的大小。与"经典模式"不同的是，可移动的不是虚框，而是图片本身。画面中亮的部分为保留区域，暗的部分为被屏蔽掉的区域。默认的裁剪状态是"三等分"的构图线，和相机取景器中看到的一样，方便摄影师用"三分法"构图，将主体放在任意一个交叉点上。

　　拖曳虚框外沿，也可旋转画面，以变换角度进行裁剪，常用于当水平或垂直线不直时进行校正，当然也可以用选项栏上的"拉直"按钮 ，达到同样的效果。

图2-2-A　将主体放在交叉点上

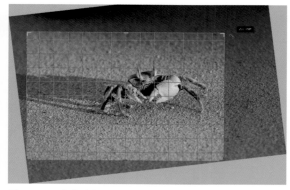

图2-2-B　裁剪时也可以进行旋转

　　其实，随着相机像素的不断飙升，裁剪变得越来越有意义了。现在市售的相机基本都已经超越2 000万像素，像素为3 600万的D800在广大摄友中持有量非常高。4 000万像素或7 000多万像素的中画幅相机就更不用说了。

　　资料显示，800万像素以上的照片就已经可以印刷杂志的对页了。如果要求不是特别苛刻的照片，在拍摄时因为长焦或微距镜头放大率不够，都可以通过后期处理裁剪弥补不足之处。现在相机的像素基本上够日常使用。裁剪照片的功能为我们节省了购买镜头的开销。

比如这张使用D600+85mm中焦镜头拍摄的水鸟。拍摄这类题材的照片相机焦距至少为200mm,好在D600有2 400万像素,照片尺寸是6 016像素×4 016像素,放大后画面不会模糊。

图2-3　原图的照片尺寸

裁剪照片周围多余的画面后,照片的尺寸为4 327像素×2 885像素。用1 200万像素全尺寸为4 288像素×2 848像素的D300照片作参考,发现裁剪后照片的尺寸已经足够用了。

图2-4　裁剪后的照片尺寸

通常情况下,裁剪使用默认参数即可。如果特殊情况需要改变,可单击选项栏的"裁剪选项"按钮进行设置,比如可以将操作方式设置成Photoshop CS5以前的经典模式。

图2-5　裁剪选项

◆ 以相机画幅为标准的裁剪比例

单反相机画幅比例通常为2:3,卡片机常为4:5。也有一些特殊的选择,比如16:9或1:1,也通常要靠相机内部裁切。如果不打算约束比例,裁剪就是在完全自由下进行的。要保持与相机画幅完全相同的比例,则可以在选项栏上的"比例"菜单中选择一个合适的比例。

图2-6　可选择不同的比例来约束

现在屏幕为宽幅的显示屏特别多,这里裁剪一个16:9的画面。直接拖曳虚框确定需要裁剪画面的大小,而拖曳照片则是确定哪些区域是保留的。

图2-7　以16:9的比例裁剪

按Enter键后即可完成裁剪,当然选项栏还有个复选框可供勾选。类似裁剪或变形这一类的操作,都要最后勾选复选框确认。一定要有等比例裁剪或缩放的意识,养成良好的习惯会带来极大的方便。

图2-8　裁剪比例为16:9的宽幅画面

当然，如果确定需要特殊的比例，也可在后面的文本框中直接输入。中间有个"双箭头"图标🔁，其作用是将高度和宽度互换。

图2-9　可将高度和宽度互换

◆ 以经典构图法为基础的裁剪方式

摄影中有很多经典的构图法则，如三分法、黄金分割法、对角线构图等。Photoshop提供了很丰富的构图辅助线，称之为叠加，默认为"三等分"⊞，单击后可选择黄金比例、金色螺线等方式。

图2-10　可选择各种叠加方式

这里展示了金色螺线和对角线两种构图辅助线的叠加方式。每按一次O键，即可切换成其他的构图辅助线。

图2-11-A　金色螺线叠加　　　　图2-11-B　对角线叠加

非完全对称方式的构图辅助线，如三角形、金色螺线等，按Shift+O组合键可进行翻转改变取向，以适应具体的画面主体。

图2-12-A　三角形叠加　　　　图2-12-B　改变三角形叠加
　　　　　　　　　　　　　　　　取向

2.1.2 使倾斜照片横平竖直

拍摄风光时，最常见的问题就是照片中的景物不够横平竖直。当然在拍摄时，可以利用内置或外置的水平仪，或者构图网格辅助参考。但由于多种原因，这样的问题还是经常发生。还好这类问题在后期处理中可以轻松修正。

图2-13 照片不够水平

图2-14 以桥为参考纠正倾斜

核心技巧

拖曳直线时，照片参考物如何倾斜，线就跟它倾斜的角度一致。

首先找到画面上可以作为参考的地平线、海平面或建筑物边缘等，整个画面将以它为标准来校正，这里以桥为参考标准。在工具箱上选择"裁剪工具" ，可以看到周围已出现虚框。

在"裁剪工具" 上方的选项栏上单击"拉直" 按钮，它可以在图像上画一条线来纠正倾斜。这里线的起点为桥头，终点为桥尾，参考线之所以画这么长，只是为了给软件更多的参考。

图2-15 参考线的起点

沿着桥倾斜的角度画一条参考线，线随着桥的角度倾斜。在画线过程中窗口会时实显示角度的数据提示供你参考，这里为0.8°。

参考线画完后，倾斜即刻被纠正了。随之会出现一个裁剪框，这是因为纠正后肯定会造成四角产生多余像素，这些像素是要被裁剪的，直接按Enter键即可。

图2-16　沿着桥倾斜的角度画出一条线

图2-17　自动确定要裁掉的边缘

操作完后，如果还不能确定画面中的景物是否真的水平、垂直了。可以按Ctrl+R组合键调出标尺，然后从标尺中拉出多条水平和垂直参考线，对齐桥和桥墩以检查纠正的结果。

图2-18　使用参考线来检查纠正的效果

2.1.3 一招裁剪透明像素

平时扩展画面或者附注文字时，画布经常会留下一些多余的像素。这里以透明像素为例。如果使用正常的"裁剪工具" 剪裁，一是不方便，二是不精准。能不能以一种"不经过大脑"的懒方法快速去除呢？

图2-19　扩展时多出的透明像素

图2-20　裁剪后的画面效果　摄影：陈祖纲

核心技巧

A：善用各种工具和命令可以大大提高工作效率，不要墨守成规。
B：裁切时应该把"顶、底、左、右"全部勾选，否则容易漏裁。

与"裁剪工具"不同，裁切是一个命令，用来裁剪画布周边多余的像素，移去不需要的图像数据。这些像素可以是透明的，也可以是纯色背景，但不能是有花纹、图案的像素。

图2-21-A　画布包含透明像素区域

图2-21-B　画布包含纯色像素区域

执行"图像>裁切"可进入"裁切"对话框。选择"透明像素"可修整图像边沿的透明区域，保留包含非透明像素的图像，单击"确定"按钮即可完成操作。

另外，"左上角像素颜色"和"右下角像素颜色"用来去除纯色背景的左上或右下角的像素。对话框下部的"顶、底、左、右"复选框用来更精确地指定去除像素所在的位置。

图2-22-A　裁剪掉透明像素

图2-22-B　可选择"顶底左右"决定裁掉哪部分

2.1.4 随时能修改和恢复的RAW裁剪

听到"裁剪"这个词，首先联想到的就是它与生俱来的破坏性编辑。生活中，人们最希望得到的药就是后悔药，正所谓"如果上天能再给我一次机会……"在Camera RAW中进行裁剪，就是这么一剂后悔药。不满意就还原重裁，各种比例、角度、大小，反反复复，来来回回，即使关闭了软件和电脑也没有关系，直到你满意为止。

图2-23　锡林郭勒草原的马

图2-24　裁剪突出最亲密的三匹马

核心技巧

我一直希望灌输自己修图的一个观点。就是有类似的功能，ACR和PS都可以做，那么尽量在ACR中基于RAW文件来实现。只有ACR实现不了的效果，再进入PS中编辑。因为基于RAW的所有编辑，都是可以自由恢复和反复修改的。

这次的裁剪是基于RAW的，将RAW文件在Camera RAW中打开，先进行基本的调色。大家可以看到图中一共是四匹马，其中一匹是不合群的。这里通过裁剪，将最"亲密"的三匹提取出来。

图2-25-A　在ACR中打开并进行基本调色

在教学第一线有个好处，就是之前认为完全没必要讲的技巧，却发现是众多影友需要的知识，比如ACR中裁剪如何更改比例。其实PS软件中所有右下角有个小三角的图标，就表示长按不放会有更多内容。裁剪工具 🔲 也是这样，按下该图标不放，会弹出下级菜单，其中列出了各种裁剪比例和常用功能。一定要牢记，长按数秒有惊喜哟。

图2-25-B　按下裁剪工具不放所弹出的菜单

选择需要的比例后，在画面中框出希望保留的区域。保留区域内的井字格用来辅助构图。保留区域之外自动被压暗以突出主体。双击保留区域，完成剪裁。

图2-26　框出想要区域，双击剪裁

基于Camera RAW进行剪裁的最大好处，就是随时可以反悔再修改。方法是再次选择裁剪工具 ，刚才的裁剪框就自动出现了。将鼠标指针移到裁剪框的四角或边缘，指针会变成 双箭头，用来对裁剪框进行缩放。

图2-27　对裁剪框进行缩放

将鼠标指针移到裁剪框的区域内部，指针变成 移动图标，用来改变裁剪框的位置以重新构图，而框内的"井"字格在此起到辅助构图的作用。

图2-28　对裁剪框进行移动

将鼠标指针移到裁剪框的边缘之外，指针变成 旋转图标，用来调整裁剪框的角度，经常也起到伸直地平线的作用。

图2-29　对裁剪框进行旋转

几乎在使用任何功能和工具时，我习惯性地会尝试单击鼠标右键。因为很多情况下，会有惊喜，很多好玩的功能常常就藏在右键菜单中。比如这里要改变裁剪框的比例，也可以直接单击鼠标右键，在功能列表中，选择"自定"，然后在裁剪比例中输入希望的数字。通常来说，单反相机为3:2，M43或卡片机为5:4，宽幅常为16:9，当然用1:1裁剪成正方形也是一种很有趣的选择。

图2-30　自定义裁剪框的比例

2.1.5 内容识别的隐匿裁剪法

正如武侠小说中的剑一样，剑是"死"的，人是"活"的。同一把剑在不同门派手中舞出不同的招数。因此，软件工具也一样，并没有所谓官方标准的用法，要敢于冲破固有思维，活学活用。

图2-31-A　边缘多拍出的部分人物

图2-31-B　使用藏匿法快速消除

核心技巧

使用命令和工具时，不要墨守成规，而要理解功能的核心价值并灵活变化。

这张图的情况在抓拍时很常见。也就是在按下快门的瞬间有不速之客闯入，或者画面的边缘出现了一些不需要的杂物。面对边缘错拍的"半个人"，可以选择修补，但是相对比较麻烦，需要放大后精细编辑。也可以选择裁切，虽然便捷，但会删除部分像素。这里给出的是另一种选择，藏匿起来，高效智能、不删像素。

图2-34 背景图层解锁后为图层

图2-32 红框标出的问题区域

默认的背景层是锁定的，而面对变换之类的功能，不解锁背景层是不能直接操作的。因此，首先按F7键调出图层调板。单击（老版本为双击）背景图层的小锁 ，进行解锁操作。

图2-33 背景图层的小锁位置

解锁后的背景层名为"图层0"，也就是可随意编辑的状态。当然我们的目的是使图层可任意编辑。方法也不止这一种，比如复制背景层为一个新图层，同样也能够达到目的。

我的思路是把边缘的人物藏匿在画面之外，只要看不见，就当它不存在呗。先试试传统自由变换Ctrl+T组合键的效果，尝试单方向改变画面宽度，也就是将边缘向左拖曳把人物拉出画面之外。

图2-35 传统的自由变换功能

如我们所想，人物确实已经被藏匿在画面之外了，但画面的主体被拉"胖"了许多，这显然是失败的。因为传统变换操作对所有区域的拉伸是平均的，会影响所有像素。当然，为了教学效果明显，我故意拉得过分一些，可以看到宽度到63.03厘米。

图2-36 画面主体已经严重变形

返回上一步重新来过。再执行菜单"编辑>内容识别缩放"，然后用鼠标指针以同样的方式将画面边缘向左拖曳。老版本中的这个功能翻译为"内容识别比例"。

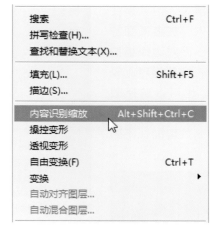

图2-37　内容识别缩放菜单项

轻轻地拖曳，边缘人物被藏匿起来了，但主体人物和马群却保持了原样不变。内容识别缩放这种方式会尽可能地保留主体不变，而影响到的是不存在重要可视内容的区域。

图2-38　内容识别缩放藏匿边缘人物

肯定会有读者说，这不公平，按Ctrl+T组合键时下手那么重，而这次拉得很少，当然就不会变形了。那就多拉一些试试。为了公平起见，同样把宽度拉到63.03厘米。怎么样？中间的主体依然锁定在原地，几乎保持了形态的不变。只有不重要的边缘区域自动填补了起来，这就是内容识别缩放功能的智能之处。

图2-39　把宽度拉到63.03厘米

2.1.6 直接拉伸将普通画幅变宽幅

宽幅总是看起来更张扬大气，胶片时代是可以直接拍出宽幅照片的，而现在更多需要通过裁剪才能获取。裁剪会丢失一些重要的画面信息，即使不重要，作品被生生切掉一截也是舍不得的。如果直接拉伸成宽幅就好了，但众所周知那样画面会更变形。

图2-40　正常的3:2比例　摄影：薛峰

图2-41　拉伸后的宽幅效果

核心技巧

A：善于使用画布大小功能扩展出各方向的新编辑区域。
B：了解普通自由变换功能和内容识别缩放之间的区别。

在背景图层上是无法进行变形之类的操作的，需要对背景解锁才可以。方法是双击背景层上的小锁图标，出现"新建图层"对话框，直接单击"确定"，使背景层转换为"图层 0"。而在新版本中，单击小锁图标即可，且不会出现对话框。

图2-42　解锁背景图层

要为接下来的拉伸留出空间来，就要扩展画布大小。执行"图像>画布大小"打开该对话框。先选择下方的"定位"方块，向哪个方向扩展画布，就在方块的反方向单击，箭头会指向要扩展的方向。也可理解成单击某个方块指示现有图像在新画布上的位置。

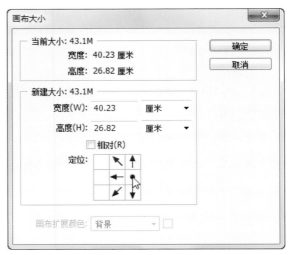

图2-43　确定扩展画面的方向

因为只是想扩展照片宽度，所以只在宽度中改变值为大约一倍。因为并不确定照片能够拉伸的极限是多长，因此设为一个比较宽裕的虚数，最后还要裁掉。

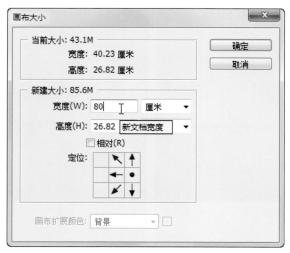

图2-44　扩展画面的宽度

确定后，可以看到多出大约一倍的透明画布来，这种棋盘式的图案表示此区域为透明，什么也没有。这是为我们扩展和拉伸留出足够的空间。

图2-45　扩展出的透明区域

先尝试一下熟悉的变换操作，按Ctrl+T组合键自由变换后，拖曳照片的左侧。可以看到在拖曳过程中，会有实时变换的数据跟随，显示为"W: 60.00 厘米"。照片中的船体已经变形，

传统变换操作统一影响所有像素，对所有区域的拉伸是平均的。

图2-46　自由变换缩放的结果

传统变换操作显然达不到需要的效果。退回一步，再执行"编辑>内容识别缩放"，以同样的方式向左拖曳，为了公平起见，同样位伸到"W: 60.00 厘米"位置，回车确定。可以看到，作为主体对象的船只几乎没有任何改变。而作为背景陪衬的水面和蓝天白云被非常巧妙、自然地拉伸成了宽幅。该功能在老版本中称为"内容识别比例"。

内容识别缩放这种变形方式的核心价值，就是拉伸时主要影响没有重要可视内容的区域中的像素，而尽可能地保留主体不变。

图2-47　内容识别缩放拉伸的结果

最后执行"图像>裁切"，在"裁切"对话框中选择"透明像素"。这样，多出的透明区域即被快速裁切掉了，关于这个技巧的相关知识，可查看"一招裁切透明像素"。

图2-48　裁切掉透明区域

2.1.7 裁剪法创建自定义边框

其实能创建边框的方法有多种。但要遵循两个必要的原则，一是快捷，二是机动，那么下面的方法是值得推荐的。首先强调快速完成基本的经典效果，然后在此基础上使效果能够灵活变化。

图2-49　添加边框前的画面　　摄影：梁伟

图2-50　添加经典纯白边框的画面效果

图2-51　添加自定义边框的画面效果

核心技巧

A：裁剪工具，按Shift+Alt组合键拖动裁剪框，一步创建照片边框。
B：纯色、渐变和图案三种填充可创建极富变化的边框样式。

◆ **一步搞定经典纯白边框**

摄影人常用的纯白边框，其实一步就可以完成。确定背景色是白色，在工具箱中选择"裁剪工具" 🔲，在照片的周围即会出现一个裁切框。同时按Shift+Alt组合键，并按住鼠标左键拖曳右下角边框，到合适框选大小后按Enter键即可。

这里简单解释一下两个键的作用，Shift键主要控制长宽等比例缩放，Alt键则控制从中心向四周均匀扩展裁剪框。这两个键是保证扩展出的边框是以中心为基准对称的。

图2-52　向四周均匀扩展裁剪框

如果只是为了要一个标准的白色边框，到这里就已经结束了。但你一定不会满足于此。比如要是想制作类似上面窄下面宽的边框呢？在"图层"面板中可以看到，这个操作直接在背景图层上执行，根本无法移动和更改。所以这个方法快捷有余，自由度却不高。

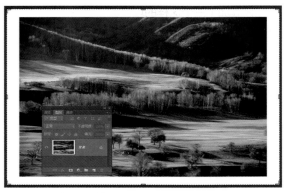

图2-54　纯白边框是基于背景图层创建的

◆ 随意组合的自定义边框

下面改进这个方法，让其快捷并兼顾自由度。要想自由改变，需要解锁背景图层。双击背景图层上的"小锁" 🔒 图标，背景层会变为名为"图层0"的普通图层。

图2-53-A　双击解锁背景图层　　图2-53-B　变为普通图层
"图层0"

这时，再按上面所讲的方法，在画面中裁剪一个边框。可以看到，如今的边框是透明的。尝试移动照片，会发现它可以自由放在任何位置。

图2-55　背景一旦透明，可编辑的余地就大了

在这种背景透明的状态下，不仅可以自由移动边框位置，还可以自由换边框。在"图层"面板下部单击"创建新的填充调整图层" ◑ 图标，在弹出菜单的最上面有三种可选状态，分别是纯色、渐变和图案。因为风光照遮挡了大部分的背景，所以这种方法本质上是换背景，效果表现的则是换边框。

图2-56　三种填充：纯色、渐变、图案

我添加了三个这样的填充图层，分别是"颜色填充""渐变填充"和"图案填充"。双击"颜色填充"层左侧的图标，可弹出"拾色器"。在这里可以为照片添加任意纯色的边框，相比纯白色边框有更多的选择。

图2-57-A　选择颜色填充

图2-57-B　纯色边框效果

双击"渐变填充"层左侧的图标，会弹出"渐变填充"对话框。这里不但可以选择渐变，还可以进一步编辑渐变，包括其样式、大小、方向、颜色等。同样，用这种方法可以得到渐变效果的边框。

图2-58-A　选择渐变填充

图2-58-B　渐变边框效果

双击"图案填充"层左侧的图标，会弹出"图案填充"对话框。可以选择图案的样式，也可以改变图案的大小。

需要了解关键点是，上面所说的这三种填充，还可以使用"混合模式"进行各种叠加。改变不同的颜色、渐变、图案、混合，设置其不同的参数，尝试各种组合，就会形成千变万化的边框效果。

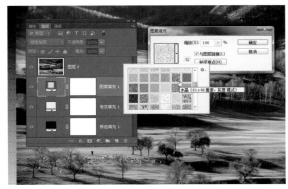

图2-59-A　选择图案填充

图2-59-B　图案边框效果

2.1.8 瞬间挪移元素以实现重新构图

以前只有矢量图的元素可作为一个对象随便移动，像素图则不可以。而如今，这样的神奇功能已真真切切摆在眼前。这对摄影构图来说，真是个大大的福音。元素移走后，画面上再也不会留下一个难以弥补的窟窿，而是被智能填充，仿佛照片本身就是这样。

图2-60　处理前，两只鸡的位置在一条直线上，构图不够理想

图2-61　处理后，两只鸡的位置自然地错开了

核心技巧

A：善用"内容感知移动工具"这样强大的"新式武器"。
B：了解"内容感知移动工具"的局限所在和能力范围。

摄影构图中经常会遇到这样的问题，动物、船只或飞机等动态的物体总不会正好停在你满意的位置上，并且有时候还需要兼顾其神态、姿态或其他状态，因此得到如愿以偿的作品并非易事。比如这里两只大公鸡的神态、姿态都很让人满意，但位置却在一条直线上，使构图看起来过于生硬。

在工具箱中选择"套索工具" 圈选较小的那只公鸡。圈选时不必太严谨，但建议圈选的面积比公鸡大一圈，让融合的边缘接口位于草地，而非公鸡身上。在新版本中，"套索工具" 的指针被改进了，绘制时以黑色箭头为准，指向更加明确。

图2-62　用"套索工具"选择较小的公鸡

如果"套索工具"绘制的边缘与其他对象临近，需特别留意让两边都保留足够的空间，否则容易把周围不必要的环境元素也"智能"地融入进来，比如部分鸡冠子。

图2-63　与其他元素临近时，要预留空间

在工具箱中选择"内容感知移动工具" 。直接将选取好的公鸡拖到左边空旷的草地上，这只公鸡就神奇地被移到了新的位置，原来所在的位置被瞬间补齐。

图2-64　设置羽化半径的值

当然，计算机毕竟是计算机，不能保证完全没有瑕疵。如果你是完美主义者，可以将照片放大，把你认为不够完善的地方用"仿制图章工具"进一步改进。但总的来说，效果是接近完美的。

图2-65　把不够完美的瑕疵去除

如果对得到的结果不满意，这里有几条经验，是你移动前需慎重考虑的。

（1）移动的对象位于有规则的背景上时，比如有固定排列样式的瓷砖、木板、线条等，容易使背景图案错位。

（2）移动的对象周围过于贴近其他对象时，软件容易"智能"地将其他对象的元素融合进来。

（3）移动的对象周围过于贴近照片边缘时，边缘之外无法正常取样，较容易出现问题。

以上也是"内容感知移动工具" 的局限所在，任何工具都是有局限的，认识到它的巧妙之处很重要，而了解它的局限，也就是能力范围更重要。

2.1.9 无局限地手动挪移元素以实现重新构图

做事情谁都喜欢一蹴而就，但世间哪有这么多便宜事呢？"内容感知移动工具"虽然非常智能，但面对较复杂的环境依然会束手无策。如何没有局限，如何自由布局和重新构图画面元素，这里有一个典型例子。

图2-66　处理前，左侧船只太靠边缘，画面太过拥挤　摄影：张会凤

图2-67　处理后，船只被重新布局，远离边缘，画面构图有张有弛

核心技巧

A：蒙版是Photoshop的核心技术，掌握它可使照片构图更加自由。
B：善用"画笔工具"的硬度和不透明度来编辑蒙版，是掌握蒙版的基本功。

原图的意境很好，但个人觉得这张照片还有一点瑕疵。左侧船只离画面边缘太近，两只船又挤在一起，构图上再完善一些就更完美了。因此我打算把这两只船移到新的位置，在图中已用红色箭头标出。当然每个人的审美不同，你也可以移到其他位置。但方法是通用的，就是利用蒙版遮挡不需要看到的区域。

拖曳背景层到"创建新图层" 按钮上4次，复制出4个完全相同的原图副本来。将4个图层改名为下图所示的名称，两个图层是新位置的船只，另外两个图层用来遮挡不需要的区域。只留"水遮挡物A"和"背景"为可见图层，关闭其他图层前面的"小眼睛"。

图2-68　将要把这两只船移到红箭头指向位置

图2-69　复制出多个相同的图层以备用

把画面清理干净，好放置新的对象，因此要被删除的两只船的位置应该被河水替代。观察一下河水的纹路和趋势，选择"水遮挡物A"图层，用"套索工具"圈选一块足够覆盖两只船的区域并进行适当的羽化。

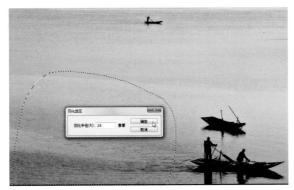

图2-70 选择水的区域并羽化该选区

在"图层"面板中单击"添加图层蒙版"按钮，该层其他区域已被屏蔽掉了，只剩下"一大块河水"。切换至"移动工具"，单击该图层左侧的图片本身，注意不是蒙版。覆盖两只船，并对齐水的纹路。

图2-71 覆盖两只船，并对齐水的纹路

当然，我们需要水纹和周围的水流更精准地融合。一是巧妙的对齐，二是继续编辑蒙版。使用大号的柔画笔，继续用黑白前/背景色来擦拭"水遮挡物A"图层的蒙版。画笔的不透明度可不断变化，以使水流达到"你中有我，我中有你"的状态，直到水流能够非常完美地融合在一起为止。

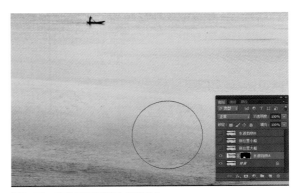

图2-72 精准的和周围的水流融合

将"新位置大船"图层前面的眼睛显示，并选择该图层。用"套索工具"圈选左侧较大的船只，可圈选周围较大区域的水流。这样做将使融合的接口远离船只，接口就更不容易被看出来。

图2-73 选择左侧较大的船只

单击"图层"面板中"添加图层蒙版"按钮，该层其他区域被屏蔽掉了，只剩下船只的区域。切换至"移动工具"，选择该图层左侧的图片本身，将船只移动到理想的位置。继续使用"柔画笔"编辑该层蒙版，使船只能够融合到周围的背景当中。

图2-74 将船融合到周围背景当中

让"新位置小船"层显示，使用"索套工具" 圈选上面的小船。用之前使用的方法添加蒙版并将其移动到新的位置。

效果已经完成了，但还存在一些不完善的细节，比如红框中显示的水纹并不自然，不连贯，解决的方法是用一块合适的水纹将不自然的区域替换掉。

图2-75　选择小船准备移到新位置

图2-77　红框中标识了不自然的水纹接口

源位置和目标位置的水纹差距比较大，使用柔画笔融合的手法效果一般。因此可以考虑对小船的周围进行精确选择。使用选区约束精确的范围后，再用柔画笔涂抹蒙版，小船会和环境更完美融合。

让"水遮挡物B"图层显示，利用之前相同的方法，用"套索工具"圈选一块儿合适的水纹并添加蒙版，然后使用柔画笔编辑蒙版，将其融合到刚才不自然的区域，完成实例。

图2-76　精细编辑小船蒙版

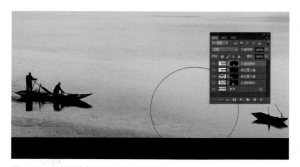

图2-78　编辑蒙版使水纹过渡自然

2.2 全景接片与完善

2.2.1 将拉萨全景从衔接到完善

　　本节介绍接片的完整过程。通过三大步来分解接片的"慢动作"，了解每一次的变化都是怎么产生的。分解动作的好处是能更加深刻地理解其本质，并加深记忆。

图2-79　接片前的多张单独原片

图2-80　接片完成后的效果

核心技巧

A：前期拍摄和后期处理拼合连续贯通的思维方式，有利于更自由的摄影创作。

B：深入了解内容识别填充功能的尺度，不必盲目信任，也无需嗤之以鼻。处理不同照片时，灵活取舍才是更高明的选择。

◆ 拍摄时如何为后期处理留余地

　　过分地强调前期或后期处理往往容易局限自己表现的舞台。发挥各自之所长，弥补对方之所短，将知识融汇贯通才能走向自由运用之路。比如接片，从拍摄到衔接再到完善是一个完整的过程。这不只是后期处理的工作，在拍摄之初就要考虑好为后续处理铺平道路。

（1）图与图之间应该有30%~40%的重叠区域。重叠区域过大或过小都会影响拼合的效果，甚至无法将这些照片融合。如果不确定重叠的比例，请留意三脚架上的刻度。

图2-82　竖拍有富裕的调整空间

图2-81　足够的重叠区域

（2）普通的接片项目，尽量避免使用超广角或鱼眼镜头，建议选用35mm或50mm左右的标准或中焦镜头，这样可比较有效地避免畸变的产生。

（3）手动曝光，拍摄接片时相机的角度位置是在变化的，通常会根据不同的光线来自动改变曝光值。当然Photoshop接片时有能力平衡部分不同曝光的情况，但差别过大也会"束手无策"。建议使用手动曝光，以保持多张照片曝光的一致性。

（4）手动调焦，每次移动相机位置和角度，自动对焦都会改变一次焦点的位置，这显然是不严谨的。建议手动对焦后，锁定在某一固定焦平面，以保证所有照片清晰范围的一致性。

（5）竖拍可以多留天地，但通常大家会采用横向拍摄的方法。但接片往往到最后总是要进行裁剪的。本就不富裕的构图，裁剪时可耗费的空间就更小了。所以建议竖拍多留天地，特别是天空。这样裁剪再构图时，调整空间会有很大的余地，有利于表现宏伟的效果。

（6）没带三脚架时别放弃，寻找画面中某一平行线为参照物，以相机中的网格为辅助。稳定姿势，屏住呼吸即可一气呵成。当然没有三脚架误差会相对较大，但Photoshop已足够智能，只要别错得太离谱，问题不大。

（7）标志性建筑不要放边缘，构图时把主体放在边沿会存在两个问题，首先是畸变严重，然后此位置是两图的重叠区域。虽然Photoshop很智能，但建议还是不要给自己添麻烦了。

图2-83　标志性建筑不要放画面边缘

（8）拍完一组伸一下手，在同时段拍摄的多组接片其实外观都很相像，你很快就难以分辨出一组照片的头和尾是哪张。那么拍完一组照片后，对着自己的手拍张照片做个记号吧，将来你会感谢自己的。当然不一定是拍手，只要和接片风格迥异、易于辨识即可。

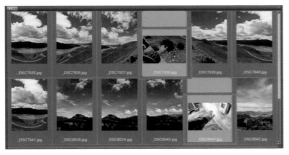

图2-84　每组中间做标记

◆ 三步法接全景照片

分解步骤就如同"慢动作"，让你看清在接片的执行过程中，都经历了哪些具体的操作。另外，在此过程中哪一步如果不够完美，都可以停下来做人为的修正。首先在Bridge中找到拍好的多张照片。全选后执行菜单"工具>Photoshop>将文件载入Photoshop图层"，将图片叠加到Photoshop中的"图层"面板。

图2-85　将文件载入Photoshop图层

执行菜单"编辑>自动对齐图层"命令，进入"自动对齐图层"对话框。对齐图层的方式有很多种，还可以选择是否改变透视、是否

调整位置、是否旋转等诸多选项。但凭实际经验来说，Photoshop的自动辨识能力过于强大，以至于其他选项几乎用不上。通常是自动方式效果不满意才需要尝试其他选项，但这样的情况不多。晕影去除是用来消除四周暗角，几何扭曲用来控制镜头畸变，这些按需要选择。

经过短暂的执行过程，这组照片已经自动叠加到"图层"面板。当前位置已在Photoshop中，如果找不到叠加好的图层，可按F7键调出"图层"面板。

图2-86　已叠加好的图层

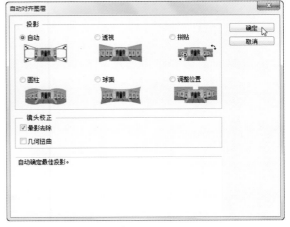

图2-87　"自动对齐图层"对话框

自动对齐的效果非常好，多张照片可以自动进行扭曲、旋转、移位等操作，使照片被排列在了恰当的位置上。在"图层"面板中它们被放在独立的图层，便于用户手动调整。

图2-88　自动对齐图层后的结果

但这些照片毕竟只是排列在了一起。放大照片后可以看到照片边缘有明显的接缝、色调不均匀等问题。这是很正常的，因为还没有进行混合操作。为了方便大家辨识接缝的位置，我用红线进行了标注。

图2-89　接缝由红线标注

执行菜单"编辑>自动混合图层"进入"自动混合图层"对话框，将"混合方法"设为全景图。记得勾选下方的"无缝色调和颜色"，照片拼接能够做到无缝并且色调、颜色均匀，就全靠它了。另外，堆叠图像用来使微距照片叠加，这会在"本书3.2.7微距摄影中扩展景深范围"一节讲到。

图2-90　"自动混合图层"对话框

完成后最明显的区别就是"图层"面板中所有图层都被添加了蒙版，蒙版是用来融合多张照片的。在一线教学中，有细心的学员发现拼接完的照片有细微的白色裂缝。其实此前我已多次试验，此缝应该只是为了标识，无任何危害，如果把拼接完成的图像放大到100%其实是没有裂缝的。

图2-91　白色的裂缝由红线框出

这里放大到100%，可以看到白色裂缝其实是不存在的。如果你还心有余悸，只需按Ctrl+E组合键把所有照片进行合并，裂缝就会消失了。

图2-92　细节拼接得非常完美

◆ 智能填充法完善全景图

通常最后的完善工作就是修理参差不齐的边沿，但对某些画面元素总是"依依不舍"。这里推荐一种新的补救方法，它是利用内容识别来完成的。确定当前所有的图层都已经合并了。按住Ctrl键不放，单击"图层"面板上的缩览图，得到以该图层形状为基础的选区。

内容识别的填充方法需要一些正确辨识的样本，因此需要设置好采样的区域。执行菜单"选择>修改>收缩"，设置合适的收缩量。这个量可按照片大小来判断，总之要比整个照片的尺寸小一圈，多出的边缘即为采样的区域。

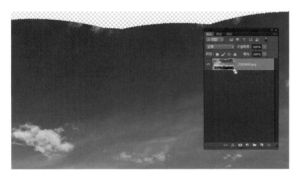

图2-93 使用Ctrl键+单击提取选区

图2-95 设置收缩选区像素值

我们的目标是得到周边透明区域的选区，因此执行菜单"选择>反向"命令。现在所选的即为照片主体之外的透明区域，当然也包括一圈用于采样的样本。

上述几步所做的选区，都是为了这步填充做准备。执行菜单"编辑>填充"命令进入"填充"对话框，在列表中选择"内容识别"。

图2-94 反向得到主体之外的选区

图2-96 内容识别填充

该方法填充的并非是纯色或者渐变色，而是通过刚才所取的样本，智能识别出来的填充物。这些填充物来自对周围环境的仿制和融合，使用效果非常神奇。

图2-97 内容识别填充的结果

当然，负责任地说，计算机毕竟是计算机。对于像蓝天白云、河流大山这样结构相对简单的对象填充效果是极好的。但对于本图下部分复杂的房屋结构来说，显得有些力不从心。因此放大照片，在底部寻找不够完美的填充结果，进一步完善直到满意为止。

最后，还需要进行少量的裁剪。但这次裁剪目的就不是去除参差不齐的边沿了，而是重新构图，因为我们保留了足够多的画面元素，如保留足够广阔的天空，所以裁剪的自由度就非常强了。

图2-98　修补和完善细节

图2-99　裁剪以重新构图

2.2.2 将全景从衔接到完善

与生活中一样，有些时候事物需要精雕细琢，而有些时候只讲效率。这时，快速有效地完成任务成了第一要素。软件很贴心，总是考虑到用户的各种需求，只需要执行一条命令，即可完美地结束接片任务。

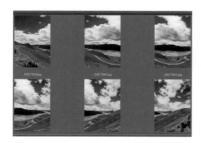

图2-100　拍摄的多张原片

图2-101　拼接后的全景片

核心技巧

A：方法无对错，只看何时使用。有时需要精雕细琢，有时需要快捷高效。

B：方法不是非此即彼，经常可以结合使用，各显其能，如裁剪、变形和修补。

◆ 一步法接全景照片

这里所说的"一步法"指的是，只执行一条命令即完成拼图接片。但还是要把这一步分解进行详细讲解。首先，执行菜单"文件>自动>Photomerge"，此命令就是拼合照片的意思。

图2-102　接片命令Photomerge

进入"Photomerge"对话框，这和"自动对齐图层"对话框几乎一样，左侧有各种拼合的方式，仍然选择自动。在中间的源文件部分，单击"浏览"按钮打开要拼合的多张照片。

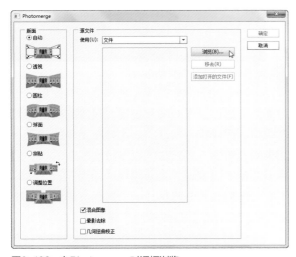

图2-103　在Photomerge对话框浏览

添加一组照片后，会在对话框中形成列表。对话框的下方有三个选项需要注意，其中"混合

图像"选项就相当于"自动混合图层"命令中的"全景图"，用来完成图与图之间的接缝融合。晕影去除和几何扭曲校正要看具体的照片而决定是否设置，否则可能会画蛇添足。

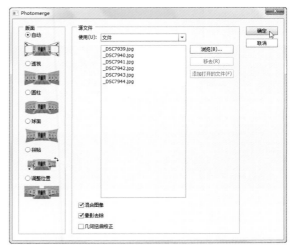

图2-104　添加一组照片

接着单击"确定"按钮即可，至此完成了接片的任务。过程是全自动的，中间没有任何提示和暂停。可以看到最终的结果，以及"图层"面板用来混合照片所用的多个蒙版。

图2-105　完成的基本接片

◆裁剪修补法完善全景图

接下来是完善全景图的两种方法，通常最简单的就是裁剪。在工具箱中使用"裁剪工具"，框选需要保留的区域。裁剪时要同时观察四个角的变化，通常会采取"木桶理论"，以像素最缺失的那个边角为限来进行裁剪。但每到这时就是一场忍痛割爱的过程，眼看着多出的像素被裁剪掉。

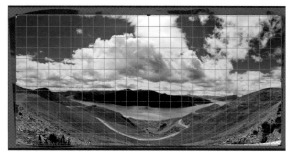

图2-106　裁剪全景图

综上所述，我认为在裁剪时可以酌情处理，像比较容易修补的区域可以不必完全裁剪，可通过图章修补保留一部分。比如蓝天、沙土地、海水等，这些都是非常容易修复的元素，裁剪时不妨"刀下留情"。

图2-107　修补残余的边角漏洞

裁剪时，某些关键性的对象要注意完整保留，比如公路、房屋等。最后选择所有图层，按Ctrl+E组合键合并图层，完成接片。

图2-108-A　完成接片效果

◆变形修补法完善全景图

另一种方法也是可以参考的，就是通过变形来完成边角的"缝合"。这样的好处是不必大量删除像素，缺点是可能造成一定的边缘扭曲。但对于自然风光，比如纯蓝色的天空，或者沙土、石块来说，即便是变形，对画面的影响也不大。在变形之前，一定要记得按Ctrl+E组合键合并所有图层。

图2-108-B　合并所有图层

然后执行菜单"编辑>变换>变形"命令，出现变形命令的网格控件。在通过控制手柄拖曳网格边缘来封闭边角时，一定不能"大刀阔斧"，而是谨小慎微地操作，以尽量减少对图片本身造成伤害。

图2-109　通过变形来封闭边角

同样，变形命令的操作也需要酌情处理，如果需要通过该操作对图片进行大尺度的变形，则考虑将画面保留一些缺口。比如左上角的蓝天，如果用变形命令把它封闭也是轻而易举的事，但由于调整的尺度较大会影响其他画面元素，这时不如用修复的方法将其封闭。最后，通过变形和修补的结合，也能完成接片的任务。

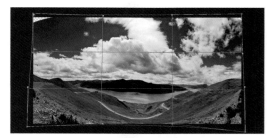

图2-110　变形严重时不必强求

第 **3** 章

后校正

3.1 镜头畸变控制

3.1.1 针对特定相机和镜头的校正

镜头畸变几乎是无法避免的，根据镜头的焦距不同，通常在广角和长焦的两个极端会产生桶形畸变或枕形畸变。摄影师投入大量的资金去改善这种状况，但收效甚微。昂贵数倍的镜头不过是畸变更小些罢了。

图3-1-A　照片有非常轻微的畸变

图3-1-B　畸变已校正，注意四角差别

核心技巧

镜头本身产生的畸变通常不太可能严重到有巨大差异，还需细心对比观察。

Camera RAW的镜头校正是我非常推荐的。因为这个校正过程不是想当然地随意设定，而是基于配置文件有针对性地补偿。信息来自Exif 元数据，这些元数据可识别捕获照片的相机和镜头信息。首先单击镜头校正 切换至该选项卡，其中有两个（新版本）或三个（老版本）子选项卡，默认即为"配置文件"子选项卡。

单击"启用镜头配置文件校正"选项，原来灰掉的选项全部可用。可以看到软件已检测到本例的照片使用Nikkor 14-24mm f2.8超广角镜头拍摄，并给出相应的制造商和配置文件。

图3-2　"配置文件"子选项卡

图3-3　启用配置文件校正

自动校正完成，能够观察到有比较轻微的变化，四角被拉直、拉平，淡淡的晕影被去除。还好我们使用了非常优秀的镜头，产生的问题并不严重。可反复勾选"启用配置文件校正"以对比前后的校正结果。这里截取了图片的一角，可以做个比较。

但即便是校正普通的镜头，这类操作的效果都不会是"惊天动地"的，因为太劣质的镜头也不会允许上市，不是吗？

图3-4　边角局部细节比对

正所谓"人有失手，马有失蹄"，如果软件检测失误了怎么办？还可以在列表中选择你认为正确的厂商、镜头以及配置文件等。

图3-5　软件支持的镜头列表

而如果校正结果没有你想象中完美的话，下面还有选项可以手动的偏移校正量，包括扭曲度和晕影的微调。还可以点出网格来进行对齐辅助校正。

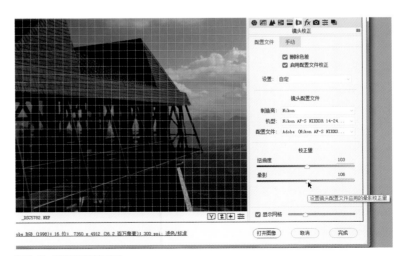

图3-6　微调偏移校正量

　　其实面对各式各样不同形式的照片，需要调整的幅度只能用更高、更强来形容。通常来说，只有接近完美的照片，配置文件这个选项卡才能胜任。如有更高的要求请使用旁边的"手动"子选项卡。如果依然无法满足你的要求，"Upright"变形工具无疑是你最爱的利器，现在该功能已经移步到工具栏上。

　　其实Photoshop的软件主体也有个几乎完全一样的"镜头校正"滤镜，位置在菜单"滤镜>镜头校正"中。

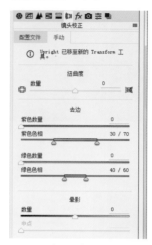

图3-7　"手动"镜头校正子　　图3-8　"镜头校正"滤镜
　　　　选项卡

　　处理RAW和JPG格式图片时，如果软件提供基本相同的功能，通常我会优先推荐基于RAW格式文件的。比如刚刚的例子就是在Camera RAW中演示的。而PS中的镜头校正滤镜在功能、界面等方面都差不多。但也许是不能像Camera RAW那样经常更新相机库的原因，该滤镜时常对新机器或镜头识别错误。如果遇到此类问题，可以考虑选择列表中相近的器材。

图3-9　镜头校正滤镜的界面

3.1.2 校正建筑物内部透视变形

在室内拍摄因为空间狭小，一般的广角镜头不能容纳所有景物。如果使用超广角镜头拍摄，景物可以全部落入镜头，但因为透视等问题，画面会产生严重的变形，特别是当画面中有一些横平竖直的对象时，这种变形更加明显。

图3-10　很严重的透视变形

图3-11　透视变形已被校正

核心技巧

A：修正畸变总要损失画面部分边沿，要平衡修正量和损失量。
B：不必期望完美的水平和垂直，只需在平衡得失的基础上保证最必要的结果。

在Camera RAW中单击"镜头校正" 切换至"镜头校正"选项卡。检测到本例的照片是使用Nikkor 14-24mm f/2.8超广角拍摄的，勾选"启用镜头配置文件校正"，先解决镜头自身的问题。注意，优质的镜头本身存在的问题是很小的，校正后画面没有明显的差异是正常的。

在"镜头校正" 选项卡中，共有三个子选项标签，分别是"配置文件""颜色"和"手动"，这里选择"手动"。在新版Photoshop CC自带的Camera RAW 8.0中，提供了几个便捷的校正按钮，更加简化了操作的难度。

图3-12　启用镜头配置文件校正

图3-13　切换至"手动"选项卡

　　可以尝试单击"自动——应用平衡透视校正" Ａ 按钮，虽然通常在自动校正后，画面的效果已经很好了，可以发现一些扭曲的线条被拉直。但显然效果还不够完美，以此图来说校正后裁剪了过多的画面，注意植物叶子的边沿区域。

图3-14-A　自动校正前

图3-14-B　自动校正的结果

　　通过逐一尝试，在本例中最好选择"纵向——应用水平和纵向透视校正" ▦ ，几乎百分之九十的照片达标。但个人以为，不要期待完美无瑕的校正结果。而是选择一个最好的起点，方便自己对画面继续校正。

　　其他选项有"水平——仅应用水平校正" ▤ ，此选项更倾向于保证水平线条的正确。还有"完全——应用水平、横向和纵向透视校正" ▦ ，这是要兼顾整体的校正，但往往因兼顾过多，照片被大幅度扭曲或裁剪。如果不想要校正效果了，随时单击"关闭——禁用垂直" ◙ 按钮即可。

图3-16　显示网格以辅助校正

图3-15　纵向——应用水平和纵向透视校正

　　校正后的结果是否符合预期的目标？比如本例中我更在乎竖线条是否垂直，就可以在右下角勾选"显示网格"，这样画面中会出现网格以供参考，当然不光是参考画面是否垂直。

　　要让校正进一步完善，就以网格为标准，用下面的变换控件进行微调。比如这里分别调整了垂直、水平、旋转等项，调到自我满意为止。

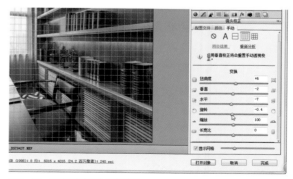

图3-17　变换以完善校正结果

这么多选项都有什么作用？我想再没有给大家一个明显的图示来得更直观了。

扭曲度更多是控制镜头的桶形畸变和枕形畸变。向右拖动滑块可校正桶形畸变和从中心向外弯曲的直线。向左拖动滑块可校正枕形畸变和向中心弯曲的直线。

图3-18-A　桶形畸变　　　　　　　　　　　　图3-18-B　枕形畸变

垂直用来控制垂直透视变形，以校正由于相机向上或向下倾斜而导致的透视问题，比如拍摄建筑时被摄体上小下大。

图3-19　控制垂直透视变形

水平：用来控制水平透视变形，校正由于相机向左或向右倾斜而导致的透视问题，比如以一定角度拍摄的建筑墙面。

图3-20　控制水平透视变形

旋转：可以控制拍摄时水平线倾斜的情况，旋转时以原图中心点为轴。

图3-21　校正水平线倾斜

缩放：当变换完成后，画面边沿会有一些透明像素的残留区域。缩放的目的是把这些区域隐藏到画面之外，相当于另一种方式的裁剪。

图3-22　缩放以隐藏或查看变形边缘

长宽比：通常用来控制挤压变形，使画面不必等比例缩放，比如拉长或压扁画面。个人建议一般情况下不要动用此项，尽量保持画面的原始比例。

图3-23　控制非等比例的挤压变形

当然，这里只是以室内照片为例。其实该区域的功能同样适用于室外，比如拍摄楼盘时，由于楼和楼之间的距离比较狭窄所形成的透视问题，可综合以上方法进行校正。

3.1.3 裁剪法控制透视平面化

通过裁剪将具有透视的照片平面化是非常实用的方法。还原几个拍摄场景，比如在书画展上翻拍的字画，因为展品悬挂位置过高或其他参观者占据最佳拍摄位置，导致画面产生透视问题。再比如淘宝店主拍摄书籍、证书时，家里没有合适高度的平面放置拍摄对象，导致出现透视问题等。

这里以牌匾为例，但只要遇到类似场景，都可以利用此方法进行平面化处理。

图3-24　原图具有强烈的透视感

图3-25　已将牌匾平面化

核心技巧

A：原来作为"透视"选项的功能现已独立成为一个工具。
B：该功能可以解决常见的透视问题，甚至建筑的透视。

在工具箱中，"透视裁剪工具" 是被单列出的独立工具，被放在"裁剪工具" 的下方。而在老版Photoshop中，它是作为一个"透视"复选框被集成在"裁剪工具" 的选项栏上的。

选择"透视裁剪工具" 后，鼠标指针会产生相应的变化。将照片放大，在牌匾四个角的位置，严丝合缝地单击，越严谨效果越好，操作过程中会出现辅助网格线帮助点与四角对齐。

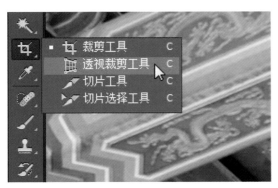

图3-26　透视裁剪工具

图3-27　单击牌匾的四角位置

一共单击4下后，网格将牌匾封套，这时只需要双击即可完成平面化的效果。

如果4个点定位不够精准，还可以在双击完成之前，移动网格的点或线进一步调整，以确保网格与牌匾严丝合缝。

图3-28　完成后双击即可

图3-29　四点确定后还可以修改

3.1.4 束缚畸变的自适应广角

关于畸变的修正，软件不止提供一种解决方法。这些方法除了使用范围和功能上有所差别之外，关键是用户体验。正如所有的工具一样，一种很酷的操作方式，甚至可能让你爱上这项工作。

图3-30　广角端畸变严重的废片

图3-31　畸变已修正

核心技巧

A：摄影和后期处理不要当成两门学科来掌握。两者互相融合，互相促进，互相提高才好。

B：使用神奇的线条巧妙约束画面中垂直和水平变形。全局把握，切莫顾此失彼。

◆ 拍摄与后期处理贯通的思路

畸变这种问题，尽可能放在拍摄之初解决。但凡严重一些的变形，就需要在后期处理修正中，对照片"伤筋动骨"。

拿这张典型照片为例，它有典型的焦段和典型的失误。该照片使用标准变焦镜头24-70mm拍摄，在建筑物下方用24mm焦距端会拍出这样变形的效果。这几乎是无法控制的，因为如果照顾主体，其他画面元素就倾斜了，如果照顾其他的元素，主体也会产生同样的问题。

图3-32　使用24mm在建筑物下方拍摄

正如你所知道的，越靠近广角端变形越严重，越靠近中焦变形会越小。但如果把变焦镜头放到70mm焦距端，就只能拍个局部特写了。解决的方法是在拍照时远离拍摄对象。比如这张照片我是退到楼顶平台的另一端使用70mm焦距拍摄的，变形的问题得以解决了。

图3-33　在远处使用70mm拍摄

但这同样存在问题，就是当离拍摄对象太远时，摄影师前方的遮挡物会很多。其他建筑，比如大量的游客，你要回避这些需要更多的时间和精力。

而更麻烦的是退无可退的时候，假如你的身后有堵墙呢？这在拍摄建筑时是很常见的问题，楼与楼之间的距离使你只能用广角端拍摄，这就是使用Photoshop的意义所在。

如果能在拍摄时解决问题，那么当然要尽力，不要给后期处理添麻烦。如果实在解决不了，拍摄一张方便后期处理的照片，有意识地给自己留条"后路"。

◆ 约束畸变的神奇线段

假设木已成舟，废片成为既定事实，那是否还有补救的机会？打开刚才用24mm焦距端拍的那张废片，双击背景图层解锁，使其变成普通图层。为了将来修补方便，建议按Ctrl+J组合键复制图层。当然将其变为普通图层，也是为以后修补留后路。

图3-34　将背景图层变为普通图层

执行菜单"滤镜>自适应广角"命令进入相应的对话框。可看到对话框左上角的约束工具，该工具用来指明照片中哪些线条必须是直的，而不是弯曲的。另外，还可以强制使线条变为水平或垂直的。这其实是告诉软件，照片中哪些线条是固定不动的，而哪些是可以伸缩变换的。

比如我认为水平线歪了，就可以单击图像并拖曳端点，按照画面倾斜的角度绘制出浅蓝色的线条。线条绘制完成后，即便是原来画面中的线条是弯曲的，这时也会自动变直。

图3-37　菜单法约束水平

这就是提到过的神奇的线条，所有倾斜的建筑物按照线条的指引，整体画面在水平方向得以纠正。但因为画面变形太严重，所以有些顾此失彼，右侧本来正常的主体倾斜了。

图3-35　绘制约束线条

如果手动绘制的线条不够贴切或角度不对，可编辑约束线条的角度。你会发现有一个圆形的控件，该控件是可以移动和旋转的。

图3-38　右侧本来正常的主体倾斜了

在主体上绘制一条垂直线就可以纠正主体倾斜的问题。因为绘制的位置往往不容易对准，可以在对话框的右侧找到细节预览框，这里可以方便观察鼠标指针当前的位置。

图3-36　可编辑的圆形控件

如果希望线条不但直，还必须水平，可在该圆形控件上单击鼠标右键，在弹出的菜单中选择"水平"。

图3-39　细节预览框

这次不用右键菜单的方法了。在画线之初或画线过程中按Shift键，会发现线条不再是浅蓝色，而变为粉色，在此状态下可添加垂直约束。水平约束的线条为黄色。

图3-40 添加垂直约束

这里已添加垂直约束，可以看到主体的倾斜已被纠正。当把鼠标指针放在圆形控件上时会显示为90°，完全达到期望的要求。"约束工具"画出的线条如"紧箍咒"一般将画面牢牢锁定。

图3-41 对象90°垂直

对话框中有众多的选项，但这神奇的线条却是关键。掌握了它即可解决大部分问题。按照刚才学习的方法，只要照片上哪些元素倾斜了，画条线即可解决。通过多条线的约束，最终得到的画面会更严谨。

图3-42 约束画面其他元素

当然了，毕竟原始照片变形过于严重。虽然我们很轻松地纠正了照片中的线条，但周边却损失了不少像素，这是此类操作不可避免的。通过右上角的"缩放"可将四角镂空的透明区域藏起来，或者说将其裁剪。本例只做适当操作，留一些瑕疵通过修补工具恢复。

图3-43 使用缩放藏起边缘

记得咱们最初复制过的背景图层吗？通过这份副本还可以复制出多份同样的画面。使用图层蒙版，将结果的残缺画面修补好。关于修补的知识可从相关章节学习，这里就不再赘述了。

图3-44 修补边角残损的照片

3.1.5 手动变形以拉直照片边角

　　这张照片我尝试拍了多次，因为使用超广角的原因，始终无法做到让所有线条都平直。如果水平或垂直线歪了，虽然有专门的工具处理，但很多时候并不是想象的那么简单，特别是画面中有多条可参考的线条，或者照片中的建筑靠近画面边缘。这时并不需要修改整体结构，而是只改变某个边角就行了。

图3-45　边角线条扭曲

图3-46　所有石阶都平直了

核心技巧

> A：要习惯性地多使用参考线、网格等进行辅助操作，以保证纠正后画面结果的严谨性。
> B：体会变形工具操作中"点、线、面"的概括，以便于理解和记忆。

　　画面中的线条平直，靠眼睛判断肯定不够严谨，因此通过参考线的辅助是非常有必要的。按Ctrl+R组合键调出标尺，从标尺中拉出两条参考线，将它们拖到扭曲最严重的石阶上，均以左侧高度为准。

　　要对照片进行类似的修改，需要将背景图层解锁。方法是在"图层"面板双击"小锁"图标，弹出相应对话框，单击"确定"按钮，得到名为"图层0"的普通图层。

图3-47　拖出两条参考线以辅助

图3-48　将背景图层变为普通图层

随之，执行"编辑>变换>变形"命令以进入自定义变形的网格状态。我经常会把"变形工具"的操作总结为"点、线、面"。所谓"点"，是指方形的控制点，"线"是指圆头的控制点手柄，而"面"是指整个网格，以及网格的外框。这里先向下拖曳右下角的方形控制点，使石阶线条的右边缘对齐参考线。

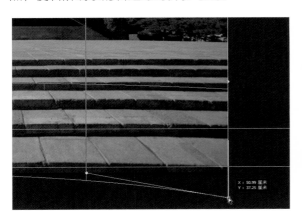

图3-49　向下拖曳控制点

你会发现向下拖曳控制点后，只有最右侧对齐了，整个石阶线段还是弯曲的。这种弯曲的现象可以通过控制点手柄来改变角度，以达到平直状态。它类似于调整矢量图形时曲线线段中的手柄，外观是一个实心圆点连一条线。

图3-50　拖曳控制点手柄

当最下面的石阶对齐后，还会面临其他多个石阶不齐的情况。好在这些石阶问题都不是很严重，可以对网格本身直接推拉，以达到对齐参考线的目的。在此过程中，因为牵一发则动全身，一定不要顾此失彼，把一处纠正了，反而连累另一处。

图3-51　直接推拉网格本身

完成后，为了保证结果尽量严谨，可以多从标尺中拖出几条参考线来，在多层石阶上验证是否达到平直。为了明显起见，这里将参考线改为红色。

另外，如果通过以上的操作，还有一些细节无法达到完美的话，也可以利用液化功能进一步修正。个人的体会是，变形工具主要控制流畅的大方向，而液化可以更精细地控制细节。

图3-52　多条红色参考线以验证

3.1.6 手动拉直透视变形照片

照片是拍摄者在越野车上拍的，同时火车也在行进中。因为拍摄角度大，所以照片中的线条并不平直，有较严重的透视问题。自动修正的方法不但有局限性，而且画面四角裁剪损失较大，有时手动拉直往往效果更好，并且不用裁剪。

图3-53　有透视问题的原图

图3-54　处理后，完全平直的图片

核心技巧

A：在必须要舍弃一些像素时，可观察如何李代桃僵，丢车保帅。
B：习惯在处理照片前进行备份，需要时可以方便恢复。

拍摄对象的线条是否平直，不能光靠肉眼估计，要有一个严谨的参照才有说服力。使用参考线便是一个非常好的习惯。执行"视图>标尺"，或按Ctrl+R组合键调出标尺，参考线就隐藏其中。在选择任何工具时，都可以在标尺中拉出参考线。

图3-55　从标尺中拖出参考线

可添加多条参考线进行辅助，可在火车两边上下框定。虽然在选择任何工具时，都可以在标尺中拉出参考线。但建立完成后，改变位置时就只有使用"移动工具" ➤₊才可以重新定位。

图3-56　用移动工具调整参考线到合适位置

变形后，右上方一部分白云会被拉出视野之外被裁剪。因此可再复制一份背景图层，方法是将背景图层拉到"创建新图层" 按钮上即可。整体修正完成后，再恢复白云。

图3-57　复制背景层以备用

使用"缩放工具" 将整体视图缩小，露出周围的深灰色区域。这是因为变形时向外拉扯，如果图像全屏显示，则变换框将不易察觉，较难控制。接着执行"编辑>自由变换"，或按Ctrl+T组合键，照片周围将出现变换框。

图3-58　缩小视图以利于变换框操作

同样是两种方法。想要简易地操作，只要在有变换框的前提下，在按住Ctrl键的同时，按下鼠标左键拖曳右上角，即可达到扭曲变换的效果。如不习惯使用快捷键，可执行"编辑>变换>扭曲"，两种方法的效果一样。

图3-59　拖曳变换框边角以扭曲图像

下方参考线所标识的位置也有少量透视扭曲，可在按住Ctrl键的同时，按下鼠标左键向下拖曳达到目的。在新版本中，加入了变换或移动时显示动态参数的功能，可以即时看到变形的度数。

图3-60　拖曳边框时，软件动态显示变换数值

正如刚才所说，拖曳操作将一部分白云拉出画面，损失掉了。好在之前已经复制了一层，把背景层的白云擦拭出来即可。选择"橡皮擦工具" ，将画笔大小设置得较大些，如900像素，硬度最软设置为0%。

图3-62　调整橡皮擦的画笔大小及硬度

在操作过程中，你可能会遇到这样的麻烦：变换框仿佛有吸附力一般，使拖曳范围或多或少。这其实体现了软件的一种智能，吸附力有帮助用户对齐的作用，但有时却会帮倒忙。可以在"视图>对齐"或"视图>对齐到"部分找到相关的选项，可以考虑暂时全部取消或取消一项来关闭吸附力。

在位于上层的"背景 副本"层找到丢失白云的位置。使用"橡皮擦工具"擦拭，可以看到失去的白云部分又恢复了。

图3-61　关闭"对齐"选项，以暂时屏蔽变换时的吸附力

图3-63　用橡皮擦将白云部分擦拭出来

3.1.7 "局部手术"修正镜头畸变

对于广角镜头来说，畸变是挥之不去的阴霾。特别是大变焦镜头的广角端，畸变更是非常明显。这张照片为用副厂镜头18-270mm拍摄，虽然在拍摄时已经刻意避免畸变，但可以看出塔的方向还是倾斜了，特别是两边的塔倾斜得更严重。

图3-64　调整前，畸变严重的三个塔

图3-65　调整后，畸变基本消除

当然，可以使用"镜头校正滤镜"来改变。但那样整个图的结构就变了，最好是把重点放到两边的塔上，这样只需改变局部画面，整体画面会保持原样。

核心技巧

A：手动控制畸变虽然不方便，但更精确自由，让你通向追求完美之路。
B：要养成使用标尺、参考线、网格等工具来精确控制水平和垂直。

◆ 扶正中间的塔并拉直背景

将原图拖曳到"创建新图层"　按钮上复制背景图层。塔身是否倾斜光靠眼睛难以辨别，因此按Ctrl+R组合键调出标尺，然后从标尺中拖出两条交叉的参考线，以塔中间的窗口，以及每层的平台，作为参照。

图3-66　调出参考线作为参照

选择刚才复制后的新图层"背景 副本"，按Ctrl+T组合键自由变换。将鼠标指针放到边框边角旋转■画面，使塔的中心对准参考线。双击或按Enter键确定后，会发现，为了修正塔身的倾斜，画面中四角与底座和原图相比有些错位，也就是说穿帮了。

图3-67　旋转以扶正中间塔身

这里需要在"背景 副本"图层上添加一个"图层蒙版"■，用来修正四角与底座。将画面中缺欠的四角与背景融合为一体，并将歪斜的底座用背景中的底座替换掉。

图3-68　添加白色蒙版

选择"背景 副本"的蒙版，按D键，将前背景色恢复到默认的黑白色。使用工具箱中的"画笔工具"■，调整到合适的大小，"硬度"为0，在画面左下方的边角上擦拭。

图3-69　修正画面左边角

黑色的画笔在蒙版中的作用相当于擦拭，要顺着山和云彩的纹理擦拭，在擦拭过程中不断改变画笔大小与硬度，从而恰到好处地将两层融合在一起。如果擦拭错了，可以按X键改变前背景颜色，相当于用白色再擦回去。可以看到左侧边缘已经和照片很好地融合为一体了。

图3-70　已修正的画面左边角

右下角错位比较严重，用同样的方法，使用黑色画笔进行擦拭。擦拭并非只是擦掉上面图层的像素，露出下面图层的像素那么简单，而是各取所长。标准是只保留合适的区域，这样的区域既可能存在于上层，也可能存在于下层。

图3-71　修正画面右边角

在擦除过程中，虽然可以各取所长，但也要遵循自然的规律，符合元素的正常结构，以及植物的生长规律。因为这是还原场景，而并非艺术创作，一切还是以真实性为首要准则，而不能天马行空。以同样的方法完成该图4个边角的修正。

图3-72　已修正的画面右边角

原图中塔的底座基本是直的，在"背景 副本"的蒙版上用黑色画笔擦拭，将露出背景层的底座。当然，靠眼力识别塔身和底座是否平直不够严谨，同样可以拉出两条参考线来衡量。

图3-73　已修正的塔身底座

◆ 扶正两侧塔身

接下来，用类似上面的方法，将两侧的塔身扶正。首先将背景层拖曳到"创建新图层"按钮上，创建"背景 副本2"图层，将该图层拖曳到所有图层的上边。在左侧塔身中心拖曳一条参考线，按Ctrl+T组合键自由变换，以左侧塔身为标准旋转▧。只要该塔身被扶正了，其他的区域可以暂且不管。

图3-74　旋转以使左侧塔身扶正

为"背景 副本2"图层添加"图层蒙版"▣，在单击该按钮的同时，按Alt键，这样出现的就是黑色蒙版。黑色蒙版的意思是"背景 副本2"图层全都不可见，可通过擦拭显示"背景 副本2"的内容。

图3-75　添加黑色蒙版以完全隐藏这一层

在该层黑色蒙版上用白色画笔擦拭，会发现刚才隐藏的扶正后的塔身渐渐显露出来。

图3-76　将扶正的塔身擦拭出来

扶正的塔身完全显露出来
后，可能会与下层山体有些错
位。可选择"背景 副本2"图层
左侧的图，以塔尖和参考线为参
照，将塔身对齐到正确的位置。
注意，我选择的不是蒙版。

图3-77　对齐错位的山体

再按照前面所述方法复制
一层"背景 副本3"，将右侧
塔身通过蒙版扶正。方法和扶
正左侧塔身完全相同，这里就
不再赘述了。

图3-78　用同样的方法扶正右侧塔身

最后在画面中拉出多条参
考线，用这些参考线作为参
考。观察塔身、底座等是否平
直，如有问题，可进一步调整
到合适的位置，以达到相对精
准的目的。

图3-79　用参考线为参考，确认塔身、底座等是否平直

3.2 控制景深与焦外成像

3.2.1 实时控制背景模糊

　　模糊功能经过了数个版本的改进和升级，产生了巨大的变化。模糊画廊提供了三种基于摄影的模糊效果，分别为场景模糊、光圈模糊和倾斜偏移。生成的效果更接近自然拍摄的感觉，其模糊程度、模糊范围、焦点位置等也都能够实时控制。也就是说，再也不必一遍又一遍地通过尝试选区大小、羽化程度来逐步接近理想的效果了。

图3-80　原图，照片有足够的景深，整个画面都是清晰的　摄影：薛峰

图3-81　处理后，背景产生较自然的焦外模糊效果

核心技巧

A：模糊控件看似简单，其实要掌握其中很多隐藏的控制手柄。

B：所有精致的方块、圆圈和线条都可以控制手柄，要加以尝试。

光圈模糊属于模糊画廊中提供的三种模糊方法之一，主要模拟相机使用大光圈拍摄时，产生的浅景深背景虚化的效果。打开素材，不必建立任何选区，做任何的羽化操作。直接执行"滤镜>模糊>光圈模糊"，画面上会出现直观的叠加控件来控制模糊效果。在画面中旋转中间醒目的圆环，可以看到圆环外的模糊程度实时改变。

图3-82　尝试改变模糊程度

通过中间的圆环来改变照片的模糊程度固然好，但缺少必要的条件约束。如果希望精确控制照片的模糊程度，可在右侧出现的"模糊工具"面板中设置具体的像素值，注意要在"光圈模糊"一项中设置。

图3-83　在模糊工具调板中控制模糊程度

表面上看似简单的叠加控件，却包含了不少的玄机。这里为了更清楚地展示，将该控件置于白色背景上，并用红字标注各部分表示的意思和功能，分两次解释。首先标注焦点清晰区域、渐隐过渡区域和焦外模糊区域的范围。这些范围的大小可以上下拖曳节点改变，根据需要确定每个范围的起始点和结束点。而移动中心的圆点，可控制画面中焦点的位置。旋转圆环则控制模糊的程度，旋转一周后，模糊程度从头开始。

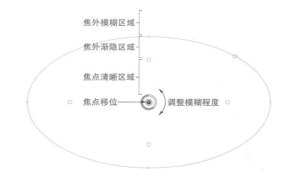

图3-84　叠加控件的功能（一）

叠加控件余下的功能，可以控制模糊中心的大小、角度，甚至形状。形状是在椭圆和圆角矩形间切换。另外，控制渐隐的平滑程度也非常重要，可以确定清晰和模糊区域之间的边界是过渡平滑的还是突兀的。特别要注意的是，旋转模糊中心这个控制点还有另一项功能，就是可以按自由比例缩放模糊区域的宽和高，而非等比例缩放。

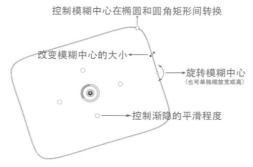

图3-85　叠加控件的功能（二）

知道了这些控制点的具体意思，操作起来就能有的放矢了。照片主体位置偏下并且瘦高，因此首先拖曳中间控制点将叠加控件向下移位，然后向内拖曳旋转模糊中心的控制点。这次不是用来旋转，而是压缩宽度。

图3-87-A　渐隐平滑程度控制点原始位置　　图3-87-B　单独修改渐隐平滑程度控制点

图3-86　单独压缩叠加控件的宽度

可以看到，叠加控件的位置和大小已经非常合适了。但部分区域并不在需要的模糊范围之内，比如上面的菜筐和人物的脚。这就需要控制渐隐平滑程度来调整。控制渐隐平滑程度的控制点共有4个，通常情况下是同时进行移动的。想要精确调整其位置，使其按照片主体的轮廓来确定范围，可以按下Alt键进行辅助。分别将4个点设在两个腋下、菜筐顶和人物的脚底，以保证需要的范围是清晰的。

因为叠加控件是椭圆形的，所以虚化掉主体四角的不少像素。解决的方法是拖曳方形控制点，它会将控件由椭圆向圆角矩形转换，以达到模糊照片背景，但不影响主体四角的效果。

图3-88　拖曳方形控制点将叠加控件变为圆角矩形

单击选项栏中的"确定"按钮，即可得到最终效果。在输出之前，可以了解选项栏的主要设置。

聚焦：主要是模拟相机拍摄中焦点不实的效果，比如在模拟动感时，需要焦点区域也有些模糊的时候就可以用到。

将蒙版存储到通道：产生的模糊效果归根结底是因为Alpha通道，存储下来可进行细致修改或另做它用。

高品质：如果你的计算机性能足够好，当然要选它产生更细腻的模糊效果了。

图3-89　光圈模糊的选项栏设置

因为选择了"将蒙版存储到通道"选项，在"通道"面板就可以找到一个名为"模糊蒙版"的Alpha通道。这样方便转换成选区或蒙版，可进一步对该模糊区域进行细致的调整。

图3-90　保存一个Alpha通道以备后用

3.2.2 控制不同景别的模糊程度

模拟镜头的背景虚化效果？"圈选主体、反选、羽化、模糊"是我们通常理解中的操作步骤。其实并没有想象中那么草率，摄影中景深的深浅和一般的模糊还是有较大区别的。需要考虑焦平面，不同的景别，透视，不同焦距的镜头等。而场景模糊正是为焦外效果的精细刻画而准备的，使你完全控制景深。

图3-91　原图，卡片机拍摄，整个画面几乎都是清晰的

图3-92　处理后，不同景别模糊程度表现自然

核心技巧

A：只有深入理解景深的概念，才能恰如其分地控制场景模糊。

B：靠布局图钉控制景深时，需要注意模糊范围。

这里准备的是一张使用卡片机拍摄的素材，因为感光元件面积小，虽然拍摄的是特写，但整个画面基本上都是清晰的。执行"滤镜>模糊>场景模糊"，会发现整个画面都变模糊了，初次接触该命令多半会不知所措。中间唯一可辨别的圆环为叠加控件，被称为图钉。一个画面中可以添加多个图钉，分别控制场景中不同位置、不同景别的模糊程度。

图3-95　添加多个模糊图钉

图3-93　单独模糊图钉对整张照片起作用

为了展示图钉的状态和使用方法，这里用白背景衬托，在画面中添加了几个图钉。图中分别包括图钉选中、未选中，以及设置图钉时，鼠标指针的显示状态。

选择主体（茶壶）上设置的图钉，旋转其模糊程度到0，使之完全清晰。怎么样？这次看出些眉目来了吧？

图3-96　设置主体模糊量为0

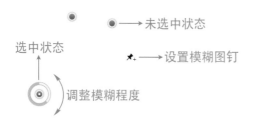

图3-94　模糊图钉的添加与各种状态

按住鼠标左键拖曳中间控制模糊程度的圆环，会发现它的模糊程度是不断循环的，旋转一圈后会从头开始。设置"模糊"程度为0像素或精确到指定值时比较麻烦。因此，如果需要设置精确数据，可在右侧模糊工具面板中设置场景模糊的像素值。

了解了主要功能，下面为该图像添加图钉。鼠标指针这时在画面中显示为 ✱₊，不管其模糊程度，先在所希望的前景、中景、背景等处添加图钉。只需单击一下，即可新增一个模糊区域。因为图钉的位置是可随后再移动的，所以不必太计较其位置的精确度。

图3-97　模糊工具调板控制模糊值

可拖曳圆环或使用模糊工具面板，设置其他图钉的模糊程度。关键是遵循透视、渐隐的原则，离主体越远，模糊程度越大，反之越轻微。而模拟大光圈镜头和长焦镜头的背景虚化效果也有很大不同。

需要注意的是，这个焦外的模糊图钉范围太大，影响到了茶壶嘴的清晰程度。

图3-98　控制焦外的模糊程度

根据景深的原则，与主体几乎在同一焦平面上的对象，可完全清晰或边缘轻微模糊，以便与焦外模糊过渡平滑。茶壶嘴儿和茶壶把儿显然符合这一情况，因此在其上添加图钉，并将其模糊程度设置得非常小。但又要与焦外模糊程度相融合使过渡平滑，所以也不能为0。

图3-99　控制接近同一焦平面对象的模糊程度

利用上述方法，便可以在照片上添加多个图钉。图钉越多，场景的空间感会表现得越好越细腻，模糊的层次也会更丰富。需要注意的是，图钉和图钉之间模糊的过渡要自然，可以控制其模糊值，调整其位置，添加更多的图钉来调节。

图3-100　各模糊图钉的分布位置

有个非常实用的技巧可以辅助观察各图钉的模糊量、位置和渐隐程度。因为模糊效果的本质其实是蒙版或Alpha通道。按M键可切换到蒙版的显示状态，以黑白灰来表现模糊信息。深色区域指画面中清晰的部分，浅色区域则指模糊部分，颜色越浅，画面越模糊。

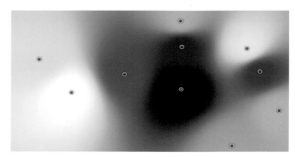

图3-101　图钉的模糊量、位置和渐隐程度

3.2.3 模仿移轴镜头的模型效果

　　移轴镜头所产生的效果之一，就是把实景拍成微缩景观的样子，或者称为玩具仿真模型效果。之前实现起来相当麻烦，而如今可通过"移轴模糊滤镜"实时模拟该效果，此滤镜也属于模糊画廊的组成之一。

　　制作移轴效果的照片素材是有讲究的。尽量选择俯拍，或有一定倾斜角度的照片。照片中可包含大量较小的房屋、树木、汽车或行人等，选择这样的照片可以获得人们俯视模型看到的效果。

图3-102　原图，正常俯视拍摄的房屋
　　　　　摄影：薛峰

图3-103　处理后，产生移轴微缩景观效果的照片

核心技巧

焦外渐隐区域和模糊区域的把握，以及与模糊程度的结合非常重要。

为了让读者参考，我实拍了一张微缩景观的照片。很容易找到拍摄这种照片的地点，比如房地产售楼处的楼盘模型，或展会上相机试拍区中的一些模型。

图3-104　微缩景观楼盘模型

移轴镜头可调整焦平面，从而使倾斜平面聚焦到焦平面上。这样倾斜平面上的物体会清晰成像，而焦外物体则产生模糊效果。

执行"滤镜>模糊>移轴模糊"，在画面中会出现几条平行线，有虚有实，此为可操作的叠加控件，中间的圆环用来控制模糊的程度。

图3-105　在叠加控件中改变模糊程度

"移轴模糊"（倾斜偏移）在模糊工具面板上的选项更丰富些。模糊像素是调整模糊的程度。模糊工具面板中除了模糊像素可调节外，还可调节扭曲度和对称扭曲两项内容。

扭曲度是指用广角类镜头拍摄时出现的焦外移位和发散现象，直接调整会只影响底部的图像。而勾选"对称扭曲"后，顶部和底部图像均受影响。

图3-106　模糊工具面板的各选项

将叠加控件放在一个白色背景上，观察一下都包含了哪些功能。最里面的两条实线内圈定的是焦点清晰区域，虚线到实线的区域是指渐隐过渡区域，虚线外是焦外模糊区域。这些范围是可以上下拖曳平行线改变的，确定起始位置和结束位置。而移动中间的点，可控制效果产生的整体位置，圆环则控制模糊程度。

图3-107　叠加控件的功能（一）

来看叠加控件余下的功能，按住鼠标左键上下拖曳中间的实线，可以控制模糊中心的大小。旋转实线中间的空心点可改变模糊中心的方向。拖曳虚线可控制渐隐的平滑程度，以确定清晰和模糊区域之间的边界是过渡平滑的还是突兀的。

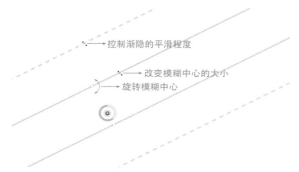

图3-108　叠加控件的功能（二）

移动中间的平行实线，可以确定焦点清晰区域的范围。这两条实线并非联动的，也就是说，每一条线可以单独移动位置。而移动某侧的实线时，该侧的虚线却是与它联动的。

图3-109　调整焦点清晰区域的范围

确定两条实线的位置，也就是清晰区域的范围后，就可以移动虚线，以确定清晰和模糊区域之间的边界过渡是否平滑，如果希望过渡更平滑，就使虚线远离实线。

为了产生的效果更自然，可考虑按照房屋的走向旋转平行线的方向。软件现在非常智能，当旋转时会实时给出精确的度数。

图3-110　调整模糊过渡的平滑程度

图3-111　调整效果的角度

产生模糊效果的整个过程，是由一个传统模糊改进的，其本质还是蒙版和Alpha通道。只需在操作的过程中，按M键，就可以随时切换到蒙版视图状态，以黑白灰的方式来查看效果的本质，以辅助操作。

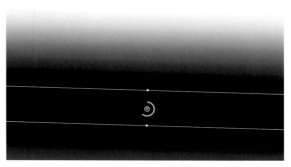

图3-112　按M键可进入该效果的蒙版状态

确定后，移轴模型效果已基本成型，不过看起来微缩景观的感觉还不够强烈。通常玩具和模型的色彩都会比较鲜艳，可通过增加对比度和饱和度来模拟这一点。

图3-113　使用"移轴模糊"（倾斜偏移）后的处理结果

按Ctrl+M组合键，进入"曲线"面板。要适量提高画面对比度，可压低暗部亮度，提高亮部亮度，使曲线形成"S"形。

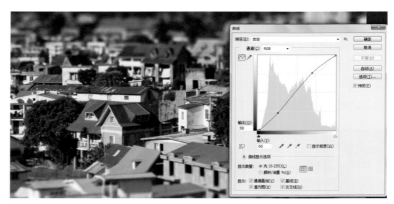

图3-114　为照片增加对比度

然后执行菜单"图像>调整>自然饱和度"进入"自然饱和度"对话框。该对话框中有两项设置。加大自然饱和度的值，可以提高一些暗淡颜色的鲜艳度，少量提高饱和度的值，可增强整体的色彩。

图3-115　为照片增加饱和度

3.2.4 迷人的夜景焦外光斑

　　三大实时调节的模糊工具已经超越了人们对软件的期待。但其实它比想象中更神奇，一些惊艳效果的功能静静地隐藏在角落里，等待摄影师们去发掘。比如模拟夜色中绚烂的焦外光斑，在拍摄时其实很受局限，也不好掌控，但模拟这种效果就非常自由了。首先要准备带有光源的夜景照片。

图3-116　原图为普通的夜景照片

图3-117　添加夜色光斑后的效果

核心技巧

A：工具的多个选项有机配合才能产生炫目的效果，要尝试各种组合。
B：注意焦外光斑的数量、大小、颜色和软硬变化，以求达到更唯美的效果。

　　模糊效果其实是场景模糊、光圈模糊和移轴模糊工具都有的标配选项。因为三大模糊都已经分别讲过了，因此任选其一来展示模糊效果的设置，这里使用光圈模糊。执行"滤镜>模糊>光圈模糊"，照片上出现光圈模糊的调节控件。

　　右侧会出现模糊工具面板，分别列出了三种模糊的设置选项。找到光圈模糊，设置其模糊值到合适状态。

图3-118　光圈模糊的调节控件

图3-119　加强模糊像素值

实时模糊工具的好处就是，可以在照片上直接看到模糊后的效果。调节控件上的小方块和圆点即可改变模糊大小、方向、程度等。

图3-120   光圈模糊效果

清晰范围确定为主建筑，按住鼠标左键拖曳边缘圆点可旋转模糊控件，以适应建筑的形状，而拖曳中心点可控制清晰范围的位置。

图3-121   调整模糊控件的角度

在模糊工具面板的下方就是模糊效果面板，包括光源散景、散景颜色、光照范围三个选项。"散景"一词作为摄影术语，是指照片中焦点以外的发光区域，也就是光斑效果。先尝试加强"光源散景"项的数值以观其变化。

图3-122   设置光源散景

从画面中可以看出，"光源散景"项用来控制散景的亮度，它会凸显照片中的高光区域，数值越大，亮度越高，把本来不起眼的小光点都表现出来。

图3-123   光源散景效果

加亮过的区域基本上是白色，比较平淡。"散景颜色"项就是用来向加亮后的区域添加五颜六色的效果，值越大，颜色越丰富。

图3-124   设置散景颜色

这是添加散景颜色后的效果，可以看到原本颜色平淡的焦外光斑，现在在色彩已经丰富起来了。注意配合第一项的光源散景可变化出更多的样式。

图3-125   为散景添加颜色

"光照范围"项可以使用色阶来控制高光范围，数值为0~255。范围越大，高光区域越大，相反则高光越少，可调节黑色和白色的滑块。

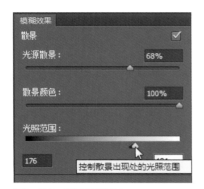

图3-126　控制光照范围

黑白两个滑块的位置和两者之间的距离可以对效果产生巨大的影响。比如两者离得越近，焦外的光斑效果会变得越朦胧，越远则越锐利清晰。

图3-127　黑白三角离得近时较朦胧

另外，虽然我们讲的是模糊效果这部分，但模糊工具的选项仍然能起到重要作用。当模糊像素值足够小时，焦外光斑呈现出彩色的亮点。

图3-128　模糊像素值小的光斑效果

而当模糊像素值足够大时，焦外光斑呈现出浪漫朦胧的圆形大光斑，效果如身在梦境中一般。

最终完成设置后，如有不完美的地方，还可以通过其他工具继续修饰。顺便提一下，此功能不光使夜晚的照片产生不错的效果，如果是白天逆光拍摄的照片，只要有高光点也可以用上这个功能。

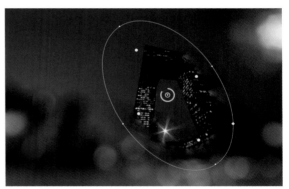

图3-129　模糊像素值大的光斑效果

3.2.5 创建流畅的透视模糊

　　我一直在教学中向摄影师推荐"镜头模糊"，而非"高斯模糊"，理由是它能带给画面更强的透视感。而另一理由是，它能让你重新找回现场对焦的感觉。这里选择一张透视感强烈的照片，模拟长焦镜头那种渐进流畅的模糊方式。

图3-130　照片透视感强烈　　摄影：吴全海

图3-131　焦点放在塔二的鸽子身上

核心技巧

　　A：清楚地理解如果在通道中绘制黑白灰，会在最终的模糊效果中起到怎样的作用。
　　B：了解如何将Alpha通道和镜头模糊滤镜有机地结合到一起。

　　首先要建立一个Alpha通道，该通道用来标明焦点的位置。切换到通道面板，在下方单击"创建新通道"按钮，出现名为"Alpha 1"的黑色通道。

　　在工具箱中选择"渐变工具"，并设置前景色为黑色，背景色为白色。在软件左上角选项栏的列表中选择第一个"前景色到背景色渐变"。

图3-132　创建新通道

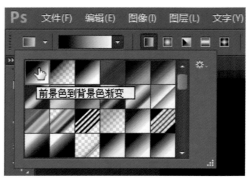

图3-133　选择前景色到背景色渐变

在列表右侧的5种渐变形式中，选择"对称渐变"，通俗来讲，就是两侧和中间渐变不一样。

图3-134　选择对称渐变

在黑色的画布上，按下Shift键的同时，按住鼠标左键拖曳出一个短线条。黑色画布其实是Alpha 1通道，按Shift键的作用是保持水平。

图3-135　在Alpha 1通道绘制渐变

线条拖曳越长，渐变过渡越平滑，反之越突兀。这里白色表示镜头模糊有效的区域，黑色表示没有镜头模糊的区域，不同的灰色表示过渡。以摄影语言来讲，黑色区域就是焦点所在位置。

图3-136　绘制渐变后的Alpha 1通道

显然焦点的范围过窄，靠使用"渐变工具"![]重复拖曳不够精确方便。不如按Ctrl+L组合键调出"色阶"面板，按住鼠标左键拖曳暗部三角滑块，可以看到黑色区域已经被拓宽。

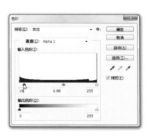

图3-137　使用"色阶"扩展黑色范围

另外，在纯黑白状态下，怎么知道焦点的位置是否准确？这里有一个技巧，在"通道"面板中，单击"RGB复合通道"前面的"小眼睛"，注意只是前面的"小眼睛"而已，并非把这一行选蓝。你会看到被红色覆盖处就是焦点的位置。单击同样的位置即可去掉红色。此步只是讲解一个查看技巧，并非必要步骤。

图3-138　红色覆盖标明焦点位置

现在单击"RGB复合通道"，注意这次需要把这一行选蓝。然后再切换到"图层"面板。

图3-139　回到RGB复合通道

执行"滤镜>模糊>镜头模糊"，可以看到整个照片都模糊了。调整右侧模糊半径的值，以达到你期待的模糊程度。

图3-140　设置所需的模糊程度

那么如何找出清晰的焦点呢？在对话框的右上角有"深度映射"项，在"源"下拉列表中选择"Alpha 1"，这就是刚刚建立的通道。

图3-141　选择深度映射源为Alpha 1

该"Alpha通道"就是用来准确描述如何在照片上增加模糊的。可以看到原来"Alpha"通道的白色区域都已被添加了模糊效果，而黑色区域则是焦点位置，两者之间有渐进的过渡。

图3-142　模糊区域为Alpha通道的白色部分

按住鼠标左键拖动下方的"模糊焦距"滑块设置焦点的位置。这种感觉非常像在拍摄中半按快门进行对焦。可以对焦在前景、中景或背景，具体到本例就是任意的某个塔，焦点区域所在的塔是清晰的。

图3-143　设置焦点的位置

　　这里有个小技巧，如果单击预览图像，模糊焦距滑块将随之更改，以反映单击的位置，并设单击位置为焦点区域。这样做的效果仿佛在使用鼠标指针进行拍摄后的二次"对焦"，简单地说就是点哪个塔哪个塔清晰。

图3-144　靠单击预览图进行对焦

3.2.6 模拟追拍汽车漂移的速度感

　　要实现运动物体背景的动感效果，室外拍摄可在抓拍时通过慢门加追拍来实现。而在室内拍摄使用后帘同步闪光也能产生不错的动态拖尾效果。不过这两种方法对初学者来说成功率都比较低，抓拍的时机，以及清晰和模糊的火候都较难把握，而通过后期处理便可轻松做得到百发百中了。

图3-145　处理前，较高的快门速度凝固
了车辆行驶的瞬间　摄影：薛峰

图3-146　处理后，背景产生追拍的动感效果

核心技巧

A：用多种选择工具结合以创建选区，是所有局部调整的基础。
B：动感模糊和径向模糊本身就源于摄影，可用基于摄影的思维来理解。

有两个位置需要处理动感效果，一是焦外背景，需使用动感模糊来解决；二是车轮，可使用径向模糊来实现。

要处理焦外背景，首先要框选背景。软件通过颜色来识别选区效果最佳，而车辆的颜色明显脱离背景。因此，可先选取车辆从而间接达到目的。使用"快速选择工具" 在车辆上点击可大致选出需要的区域。

图3-147　用快速选择工具选择车辆

点击后发现车辆的部分区域并没有被包含到选区中。原因很明显，车顶的暗色与周围环境色彩相近，软件对色彩相近的颜色鉴别能力较弱。遇到这种情况，不要固执地使用类似"快速选择工具" 这样的智能型工具，而是选择"多边形套索" 这样貌似"笨拙"的工具，将剩余部分加选进来，反而效果会更好。

图3-148　用套索工具完善选区

羽化值取决于多种因素，没有固定的尺度，比如图片的大小你所想实现的效果，以及框选对象边沿是否需要清晰轮廓等。本例边沿不必太清晰，羽化值可以设得偏大一些，比如"30"，"羽化"命令可执行"选择>修改>羽化"来激活。

图3-149　设置羽化半径

不必选择得过于精细，如果使用蒙版，可根据效果进一步修饰。因此复制一个新图层，直接在新图层上添加图层蒙版。你会发现画面没有什么变化，原因是上下层完全一样，所以叠加起来就看不出画面效果，其实现在"背景副本"层因为有蒙版的遮挡，只显示一辆没有背景的车了。

图3-150　为"背景 副本"层添加蒙版

动感模糊这个效果本身就源于摄影的慢门追拍，用在这里就再合适不过了。将背景进行动感模糊，与上层单独的汽车合二为一，即可实现所需的效果。选择"滤镜>模糊>动感模糊"，因为车的方向是有一定角度的，所以在对话框中设置"角度"为"-3°"，与车辆角度尽量一致。然后根据预览框的效果设置参数，数值可灵活掌握。

图3-151 对背景层进行动感模糊并调整角度

总体效果不错，不过两层之间结合的边缘还需要进一步融合。选择"背景 副本"层的蒙版，用"画笔工具" 在车的边缘擦拭，按X键不断变换黑或白的前后背景色，以使边缘更好地融合。

图3-152 修饰蒙版的边缘结合部分

选择"背景 副本"层，对车轮添加动感效果。使用"椭圆选框工具" ，定位于车轮中轴，在按住Alt+Shift组合键的同时，按下鼠标左键并拖动鼠标进行选择，这两个快捷键的意

思是，从中心绘制正圆，经过修正得到车轮选区，当然要记得羽化。

径向模糊基本源于摄影的慢门并中途旋转镜头效果，这里借用使车轮产生动感。执行"滤镜>模糊>径向模糊"，打开相应对话框将"数量"设为最大，"模糊方法"为最大，"品质"为最好，单击"确定"按钮。

图3-153 为前车轮调整径向模糊的参数

要注意的是，不要为了省事，将两个车轮一起选择进行径向模糊，那样旋转的中轴会在两个车轮之间。另外，在制作第二个车轮的旋转效果时，因为中轴并非完全在中心上，所以可以在预览图上移动旋转中心以得到合适效果，数量也要小一些。

径向模糊这个滤镜，可以理解为在模仿摄影慢门曝光过程中，旋转变焦镜头从而产生爆炸或旋转效果，大家可以顺着这个思路进行更多的创作。

图3-154 调整径向模糊滤镜的旋转中心

3.2.7 微距摄影中扩展景深范围

　　微距摄影追求的是大景深，通常光圈缩到极小(如：f/32)都不能保证物体从近到远完全清晰。当然小光圈还有一个弊端是容易把杂乱的背景也清晰地拍出来。因此还不如通过改变焦点拍摄多张，将不同清晰范围的局部组合成一张完全清晰的照片。这样光圈也可以设置较大，保证背景足够虚化。

　　这里使用M.ZUIKO ED 60mm f/2.8 微距镜头拍摄红掌中间淡黄色柱状的"肉穗花序"，直接使用最大光圈f/2.8。其实把它拍得完全清晰，并保证背景模糊，在极近的状态下并不是一件容易的事。拍摄完成后，可以使用堆叠图像功能，混合同一场景中具有不同焦点区域的多幅图像，以获取足够大的景深。

图3-155　大光圈拍摄，极少清晰区域

图3-156　合成一张有足够景深的照片

核心技巧

A：拍摄时要使用三脚架和快门线，旋转对焦环时动作一定要轻。
B：一定要先把多张照片完全对齐后，再进行自动混合操作。

　　首先需要在室内环境下，不能有风。建议使用三脚架固定相机并利用快门线来拍摄，以尽量减少抖动和位移。对焦模式开到手动（M挡），转动对焦环对焦，寻找拍摄体从近到远不同的焦平面进行拍摄。拍摄的数量取决于使用的光圈大小和对细节的苛求。技术发展迅速，如今也有不少小微单可以一次性拍摄多张前后不同焦点的照片，本例使用f/2.8的大光圈，一共拍摄了8张。从8张中取前、中、后三张展示浅景深的状态，并用红框标注了拍摄时的对焦位置。

图3-157　红框标注焦点位置

　　先对照片进行统一调色，这是批量处理图片的前提。切换到Bridge中，同时选择8张照片（选择第一张，按下Shift键，再选择最后一张），然后双击进入Camera RAW调色。

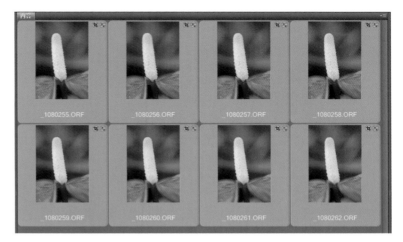

图3-158　选择拍好的8张照片

进入Camera RAW的界面，全选左侧所有的照片，然后进行批量调色。统一曝光、锐度和清晰度，然后单击右下角的"完成"按钮。具体Camera RAW调色的操作，可参考第4章的相关内容。

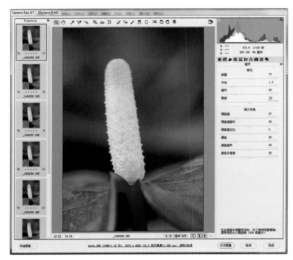

图3-159　在Camera RAW中进行批量调色

接下来就是在Photoshop主界面的操作了。执行"文件>脚本>将文件载入堆栈"命令，自动将照片添加到图层调板并形成堆栈，也就是将图片文件按照顺序叠加为多个图层。该功能减少了在制作堆叠图像，如HDR、全景接片、星轨时，组织众多图片的工作量。

图3-160　"将文件载入堆栈"命令

进入"载入图层"对话框，可以看到左侧的文件列表还是空的。因此在对话框中单击"浏览"按钮，目的是把刚才调过的8张图片添加进来。

图3-161　载入图层对话框

进入"打开"对话框，按住Ctrl键不放，单选.ORF文件（奥林巴斯相机RAW格式文件）把刚才调过的8张图片添加进来。该功能可以直接调入处理好的RAW文件，这是非常不错的特性。

图3-162　选中所有.ORF文件

可以看到在对话框中，左侧已经出现添加的文件列表。对话框下方有两个选项，在本例中不是必需的。其中"尝试自动对齐源图像"项，可以稍后再对齐。

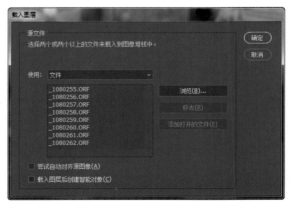

图3-163　文件列表已经添加

软件已自动按顺序将8张图片添加入图层调板。画面当前显示的是最上层，必须选择所有图层，才能执行后面的步骤。

图3-164　已将文件以图层的形式堆栈

选择所有图层的方法是，先选择最上面的图层，然后按下Shift键不放，选中最下面的一层，这样所有的图层都会被选中。

在拍摄时，因为要对焦到前后不同的位置，就要进行手动调焦。也就是说貌似相机原地没动，但旋转对焦环时，物体在画面中的大小已经轻微变动了。叠加肯定要严丝合缝，必须进行对齐以防治图像错位。只有对齐这些图层，才方便后面的混合。执行菜单"编辑>自动对齐图层"。

图3-165　择所有图层　　图3-166　"自动对齐图层"命令

进入"自动对齐图层"对话框，这里有众多的可选项，貌似非常复杂。但通常来说，在对话框中选择"自动"就可以了。

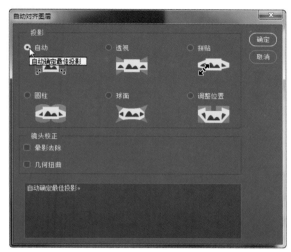

图3-167　选择"自动"即可

执行完该命令后，可能会觉得效果不明显。其实本来就是轻微的大小变化，因为要更加严谨才必须对齐一下。如果想看是否已改变，可放大视图，你会发现每张照片的边缘被处理过。比如边缘出现透明，基本就是被移位或变形过的痕迹。

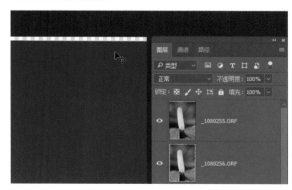

图3-168　对齐后边缘的细微差别

保持图层调板的照片全部被选中，执行菜单"编辑>自动混合图层"。这里所谓的混合，我个人的理解就是把每张图对焦清晰的部分提取出来拼在一起，无缝组合成一张新图。

在"自动混合图层"对话框中选择"堆叠图像"，并选中下方的"无缝色调和颜色""内容识别填充透明区域"，以自动调节每张照片的明暗色彩保持一致，还有就是消除刚才提到的透明区域。"堆叠图像"功能本身就是专为微距摄影扩展景深准备的。

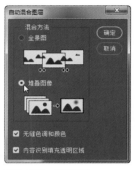

图3-159 "自动混合图层"命令　　图3-170 堆叠图像

确定后，8张照片会自动堆叠为一张完全清晰的照片，位于所有图层之上，后缀为：（合并）。其本质是通过自动添加的蒙版将照片的清晰部分提取出来，并结合在一起组成新的图片。有蒙版的好处是，如果觉得不够完美，还可以手工进一步修改。如果发现照片边缘参差不齐，可将边缘剪裁。

图3-171 通过蒙版提取照片清晰部分

为了更加完善效果，还可以做一些后续的修补工作。比如叠加不够完美的部分，可以手工用蒙版补上去。如果叶片上太多污垢不够美观，也可以单独建层来去除。总之都建议在新层上修改，这样如果出问题好恢复。

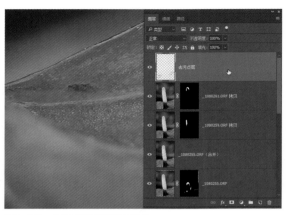

图3-172 对完成的效果进行修补

当然，也可以考虑对所有图层进行盖印。这样方便进行锐化、去噪点等全局操作。盖印和合并所有层是有区别的。盖印是合并所有层以建立新图层，原来的图层还都保持之前的分离状态。

图3-173 盖印层以方便全局操作

最后，截取出8张照片合并后，放大到100%视图的清晰局部。当然，如果想追求极致的细节，还可以拍摄更多的张数。我之前也提到了，不少相机已经可以快速、自动地完成这个庞大的工作量了。

图3-174 合并后的100%视图清晰局部

第**4**章

再调色

4.1 RAW 格式文件调色的常规设置

4.1.1 自由国度的白平衡调整

摄影师为什么能忍受巨大的 RAW 文件霸占自己的硬盘？很大程度上就是 RAW 文件在控制白平衡方面卓越的表现。即使是现场拍摄的时候没把握好，在后期处理中也可以自由、完美地恢复，而不像 JPEG 文件时常在关键时候表现得力不从心。

图 4-1　在室内拍摄白平衡没把握好
模特：林颜歌

图 4-2　简单恢复后的白平衡

核心技巧

A：平时拍摄中如果遇到光线复杂的环境，特别是室内环境或演出现场，记得设置照片为 RAW 文件。万一拍摄中有失误，还是有不错的后路可选的。

B：本书主要讲的是 Camera RAW，但大家需要了解的是，几乎所有的讲解在 Lightroom 中都是适用的，两个软件其实用的是同一配方。

要调整白平衡，先要找到照片中具有中性色的对象，然后使这些对象变为中性色，即可纠正整个照片的偏色。如果是风景，选择灰色公路或白色墙壁就不错；如果是人像，眼白、牙齿等也都可以考虑。

可以用颜色取样器工具监视照片所出现的问题以及修正后的变化。选择该工具后可以在画面中放置多个，工具栏下方会以 #1、#2 这样的方式显示 RGB 的值。

图 4-3　添加颜色取样器

接下来在选项栏上找到白平衡工具。在颜色取样器工具刚才设置在牙齿上的 #1 位置单击，使所选的颜色变为中性色。可以看到白平衡自动恢复到了可以接受的范围，注意工具栏下方 #1 数值的变化。

图 4-6　使照片整体倾向于某种色调

图 4-4　单击 #1 位置恢复白平衡

当然了，全自动设定的白平衡不见得完全能如你所愿，当然也有可能会出现一些偏差。其实它只是给了一个比较接近的开始作为参考。在此基础上，可以进一步手动调整色温值。将色温向暖调这边偏移了一点，然后又修改了色调滑块，往洋红这边偏移了一点，使面部可以粉粉的。

在 Camera RAW 中，默认的白平衡设置为"原照设置"，也就是相机原来设定的值。并且如同又回到了相机中一般，可以选择各种白平衡模式，如日光、阴天、阴影、白炽灯等。

图 4-7　可选的白平衡模式

图 4-5　在自动的基础上改进白平衡

当然了，调整白平衡还可以轻松使照片整体倾向于某一种色调，色温和色调两个滑块能够有多种的组合。而这种调整，并没有一定之规，因为每个人的审美情趣和想追求的效果是不同的。

这里说说 Camera RAW 的一些比较优越的特性。比如在相机中如果通过数值来选择色温的话，并不能做到非常精细。通常数值间的跨度很大，比如直接就从 5 560K 跳转到 5 880K。而在 Camera RAW 中能够以 1K 为单位进行非常精细的设置，比如 5 501K。

图 4-8　以 1K 为单位进行设置

还有就是范围了，不少相机通过数值来调整色温时，选择的范围基本是 2 500K ~ 10 000K 左右。而在 Camera RAW 中可调节的范围可以是 2 000K ~ 50 000K 这么大，也就是从开氏 2 000 度到开氏 50 000 度。

另外除了 RAW 文件外，Camera RAW 也可以直接调整 JPEG 和 TIFF 格式的照片。但原始数据已经被改变，Camera RAW 只能模拟不同的色温或白平衡，它并不能提供真实的开氏温标，只能用 -100 ~ 100 的近似刻度来代替而已。

图 4-9　色温可调至 50 000K

图 4-10　调整 JPEG 时的色温近似刻度

4.1.2 恢复过曝照片亮部细节

很多情况容易造成照片过曝，或局部过亮以至于高光溢出，比如相机设置错误、逆光拍摄失败或点测光位置不对，等等。如果拍摄时文件是基于 JPEG 的，亮部的细节就很难恢复了，而如果拍摄时保留了 RAW 文件显然是明智的选择。这一点有专门的章节已经作了比较，这里说说具体恢复的步骤。

图 4-11　照片的高光丢失了不少细节
模特：姚佳辰

图 4-12　恢复了部分高光的细节

核心技巧

与 RAW 相比，如果说其他方面的优势 JPEG 还有一拼的话，那么在高光细节恢复方面，JPEG 文件基本上是完全没有优势了。因此日常坚持拍摄 RAW 文件是非常好的习惯，当曝光出现失误时，还能再给自己一次机会。

使用 Camera RAW 打开要调整的 RAW 文件，右上方为该照片的直方图，直方图右上角为高光修剪警告▣，如照片打开时或调整过程中高光产生溢出，也就是所谓的死白，RGB 数据为 255，那么画面的溢出部分会显示为红色警告。可以看到画面上充斥着大片的红色警告，说明高光的溢出已经非常严重。

在老版本的 Camera RAW 中，通常使用的选项叫"恢复"，该项就是用来恢复高光细节的。而新版中更加简洁直观。该项被改称为"白色"，将该滑块向左拖曳，则大量"死白"或接近"死白"区域的细节被恢复，画面中的红色警告也逐渐消除。

图 4-13　高光溢出会显示为红色警告

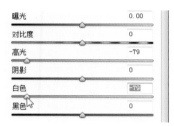

图 4-14　白色可以有效地恢复高光细节

这里截取前后的对比图，是"白色"项恢复细节之前和之后的。请注意上半部头发的位置，高光处头发丝的细节恢复非常明显。另外，使用该选项时要适度，特别是遇到一些镜面高光的情况，比如玻璃、金属的反光，通常恢复回来会严重发灰。

图 4-15-A　细节恢复前

图 4-15-B　细节恢复后

刚才提到"白色"项恢复高光细节的效果非常好，但也要适量，因为会有一些副作用。那么如果不能多用，效果达不到要求又怎么办？减少曝光的细节恢复能力也不错，适当地减少曝光对于有些例子来说，效果甚至比白色还好。但很明显，这样照片就欠曝了，细节倒是恢复不少，但人物的面部就暗了呀。不要紧，向右拖曳"阴影"滑块就可以提亮暗部，面部的亮度就恢复了。调整就是这么一套"组合拳"，有提有压，来来回回地调整以平衡画面的明暗关系。

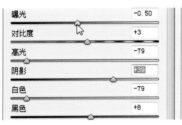

图4-16　压暗"曝光"项，提亮"阴影"项

经过多项调整，可以看到画面中的高光细节已经恢复了不少。但不管是使用白色恢复，还是欠曝恢复，都是基于全局的调整，尺度都不可能太大。如果一味地调整到最大值，结果往往不能如你所愿。

图4-17　经过全局调整恢复到的程度

那么如果还要加强恢复细节的程度怎么办呢？最好的方法是全局适当调整后，对需要特别恢复的区域使用局部调整工具，比如调整画笔工具。因为是有针对性的局部，所以尺度就能够非常大，比如曝光、高光、阴影等滑块都可以拖到最左侧。另外要加强对比度和饱和度以强调色彩。这一步我用调整画笔恢复了更多头发和衣服上的细节，尽量放大处理，否则不够精确。

图4-18　用调整画笔恢复局部细节

同样地，用调整画笔工具对画面其他位置的细节进行恢复。当然也不一定必须使用调整画笔工具，其他的局部调整工具其实都可以使用，比如渐变滤镜工具，径向滤镜工具等。使用各种工具时要灵活多变，不要过于拘泥和教条化。

图4-19　恢复其他高光区域的细节

4.1.3 提取高反差照片暗部细节

在阳光灿烂的天气里，比较容易遇到的就是高反差的场景。屋檐、云朵、建筑的遮挡都有可能产生严重的阴影。如果使用 JPG 格式拍摄，恢复的优势并不大。即使勉强恢复了，也会产生大量的噪点和色斑，这在本书的开头其实已经论证过了。而基于 RAW 的拍摄是恢复暗部细节的有效保障。

图 4-20　屋檐下漆黑昏暗

图 4-21　屋檐下明亮并富有细节

核心技巧

A：消除"死黑"和提亮阴影是 RAW 文件最重要的优势之一。因此遇到大光比场景时，习惯性地拍摄 RAW 文件是非常重要的，会给自己留下巨大的调整余地。

B：阴影区域没有必要大尺度地提亮，要把握好一个度，否则适得其反，应该有的光影就被减弱了。

在直方图的上部两侧有两个小三角，左边一个是阴影修剪警告▣。单击后，如调整过程中暗部产生溢出，画面溢出部分会显示为蓝色警告。

所谓修剪（溢出），是指画面出现"死黑"，RGB 数据均为 0，以蓝色警告。正常的曝光，这样的蓝色警告面积不会太大，经常需要放大照片才可以看见。

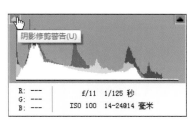

图 4-22　阴影修剪警告三角

图 4-23　以蓝色显示的阴影修剪警告

如何证明这一点呢？可以在工具箱中选择颜色取样器工具，在图像的最暗部单击设置一个取样点，可观察到数据"R:0 G:0 B:0"说明最暗部已为死黑，没有任何细节。

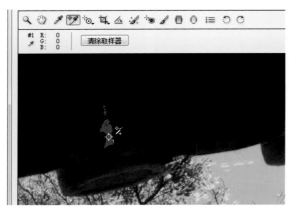

图4-24　取样点#1的RGB值均为0

解决所谓的"死黑"非常简单，在右侧参数设置中，找到"黑色"项。将该项往右拖曳即可将其消除，同时蓝色警告也会消失，证明不再有"死黑"存在。

图4-25　向右调整黑色至蓝色警告消失

在解决完"死黑"后，解决屋檐下阴影的问题。阴影只是暗，但并不是绝对的死黑。通常在右侧参数中，将"阴影"项向右拖曳即可快速消除这个问题。从这里也可以看出RAW相对于JPEG的优势非常明显，阴影消除后，屋檐下的细节非常丰富，并且几乎没有大量的噪点，更不必说色斑之类的瑕疵了。

阴影消除的量一定要控制好，不要因为太好用了，就干脆把阴影区域完全调亮。那也会同时减弱了光影，让照片失去感觉。这里之所

以加亮得比较多，完全是教学体现前后比较而为之。

图4-26　向右提亮阴影

另外，能影响照片暗部阴影的还有"曝光"和"对比度"这两项，通常用来和"阴影"选项配合使用。曝光往往可影响一部分中间调偏暗调的区域，而对比度则可让暗的更暗，亮的更亮。因此在使用黑色和阴影这两个主项设置时，要为曝光和对比度预留部分调整空间，省得再回来返工。

图4-27　曝光和对比度可配合调整

最后，就是其他参数的配合了。比如重新平衡和各个参数的设置量，又增加了清晰度，以及简单的锐化操作，还有就是少量增加了饱和度。

图4-28　其他参数的配合调整

4.1.4 化整为零的分色调整

　　本例相对比较综合，但主要的讲述会放在基于 RAW 的分色调整和渐变滤镜上。将色彩分开调整有两类方法。我的个人习惯，是将单独控制指定颜色的色相、饱和度和亮度的方法称为"分色调整"。而将渐变滤镜、画笔和径向滤镜等称为"分区调整"。前者基于颜色本身的特性自然划分，后者则更多是人工干扰强制划分。

图 4-29　锡林郭勒草原的日落

图 4-30　各种色彩强化后的照片

核心技巧

很多时候因为英文软件转译中文时没有合适的词汇，或者标注功能名称的空间有限等原因，学习软件时光靠名称来理解其内涵往往并不贴切。因此可以留意一切与该功能相关的细节，比如 HSL 滑块下的色带条，已经标明了调色的趋势。再比如一些横杠隔断、一些特别颜色标识等。都像"先贤引路的记号"般提示着正确的用法。

　　RAW 文件直接打开后通常很灰，往往让人无从调起。选择相机配置文件，让 RAW 文件拥有一个类似 JPEG 的基础外观是非常有必要的技巧。它类似于单反相机里的样式，比如人像模式、风光模式、自然模式等。这些配置文件是在标准光照条件下拍摄颜色目标而生成的。比如 Camera Landscape 是指风光样式，Camera Neutral 是中性样式，Camera Portrait 是人像样式，Camera Standard 是标准样式等。

图 4-31　选择相机配置文件

原始的 RAW 文件虽然包含了大量的颜色细节，但从表面看来云彩和草地都显得比较暗淡，色彩不够丰富。在"基本" ⚙ 选项卡中，主要改进一下照片的暗部阴影，向右拖动可使阴影提亮，并恢复更多细节。适当调整白色以及黑色，加大清晰度可使画面元素的轮廓棱角分明。再增大自然饱和度和饱和度，使画面更加鲜艳。通常来说自然饱和度的增加量可以大些，饱和度的增加量小一些。

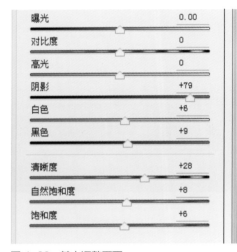

图 4-32　基本调整页面

这里展示基本调整后的效果。需要注意的是，在调整过程中，通常这一步相当于打个"粉底"，也就是拥有一个不错的基础罢了。调整力度不必太大，欲速则不达。

图 4-33　基本调整后的效果

基本调整结束后，进入分色调整的环节。选择第 4 个选项卡 HSL / 灰度 ▣，HSL 分指色相、饱和度和明亮度的英文首字母。按摄影师的调整习惯，通常"色相"是动得较少的，一般从"饱和度"调起，我们也按这个顺序走。画面中最突出的暖色调的云其实包含橙色、黄色和红色的成分，加强这三色可以更加凸显它的色彩。而草地当然主要是绿色，但却有不同层次的绿色，因此将绿色和浅绿色都增加了饱和度。另外傍晚的云还增加了紫色和洋红色的饱和度，显得云朵更加有层次。

你会发现不管是黄色系列还是绿色系列，调整都是不同尺度，甚至不同方向的。细微的差距可以让类似的色彩拉开层次，让即便是差别不太大的元素，看起来也更加立体。

图 4-34　分色调整饱和度部分

然后调整色彩的明亮度，减少蓝色数值，被压暗的天空显得云更蓝也更加厚重，细节也更丰富了。另外，"色相"选项卡在调色中较少被改变，大多数情况下，并不希望改变照片原本的颜色。

图4-35　压暗天空的蓝色

图4-37　锐化和减少杂色

　　通过 HSL/ 灰度的分色调整，针对不同的颜色进行了强化。这种自然的分色调整在参数调整尺度较小的情况下并不明显。但也不能因此就加大调整力度，因为很容易造成色彩边缘的不自然感。

　　调整至此，可以看到当前照片的层次依然不够，天空仍旧缺少细节，整个照片看起来非常的灰且暗淡。解决类似这样比较严重的问题，靠调整滑块显然不够力度。如果使用渐变滤镜会更加直观和灵活。

图4-36　完成分色调整后的效果

　　在细节中将照片进行锐化和减少杂色的调整，调整的程度与照片的尺寸和照片的风格都有关系，所以酌情增加数量。调整前记得将照片放大到100%。

　　通过观察，我计划将天空和地面划分为两个区域，分别进行修饰。通过渐变滤镜为它们添加不同的参数。为天空使用渐变滤镜 ，主要目的是继续压暗天空并恢复更多的细节，进一步丰富天空的色彩。

　　要让天空的色彩更加绚烂，可以考虑局部的白平衡，让色温偏蓝，色调更加偏洋红。接着通过减少曝光、高光、阴影、白色的数值，进一步压暗天空，恢复更多的高光细节。而对比度、清晰度、饱和度的增加则是为了强调云彩的层次与色彩。

图4-38　渐变滤镜的具体参数设置

在使用渐变滤镜 🔲 时，首先用鼠标在照片上拉出由虚线组成的区域，也就是大致的渐变范围。区域的起点产生一条绿色横线，它代表渐变开始的地方，也就是渐变滤镜效果最强的地方；鼠标拉向想要滤镜效果结束的位置，终点产生一条红色横线，它代表渐变结束的位置，也就是作用效果最弱的地方。

图 4-39　在天空部分拖曳出一个渐变区域

渐变是可以通过鼠标移动的。如果想要改变渐变滤镜的长度，用鼠标按住红点或绿点不放，拖曳鼠标就可以拉长或缩短渐变线。用鼠标按住渐变线不放，鼠标指针变为带四边箭头的小十字。拖曳鼠标就可以移动渐变区域的位置，从而调整渐变影响的范围了。

图 4-40　渐变可以通过鼠标移动

如果将鼠标指针移到渐变线上，指针即会变为双箭头的旋转图标。能够 360 度转动以调整渐变的角度。照片的构图通常是丰富多变的，不会像咱们样图的地平线这样笔直。能够方便地移动、缩放、变换角度，就是为了适应不同的画面。

图 4-41　渐变可以旋转

在一张照片上可以应用多个渐变滤镜 🔲，渐变滤镜不光是可以应用到天空上，也可以应用在其他的地方，比如本次案例还应用在了地面。但是天空和地面使用的不是同一批参数，因此要另外新建一个渐变滤镜 🔲 。单击"新建"选项，用上述同样的方法在图片上拖曳出另一个渐变。

图 4-42　新建多个滤镜

这是控制地面第二个滤镜的参数，和天空部分的调整方法基本相反。天空主要是压暗，而地面更多是要加亮。通过增加曝光、高光、阴影、白色等的数值，以达到提亮地面的目的。而对比度、黑色、清晰度等起到增加反差和立体感的效果。

图4-43　第二个渐变滤镜的参数

渐变滤镜■被很多朋友局限于调整天空，充当现实中的中灰渐变镜用。其实在软件中是比较灵活的，比如下方的地面同样可以添加一个渐变滤镜。当然，我的建议是从下往上拉这个渐变，使离观众越近的草地越亮，越远越暗，以增加纵深感和空间感。当一张图片上存在多个滤镜时，单击渐变线上的绿点或红点，就可以激活想要选择的滤镜。

图4-44　从下往上拖出第二个滤镜

为了方便观察，切换蒙板的可见性。选中"蒙版"复选框，将蒙版用红色标识出来，此时红色区域表示被影响的区域，当然了，不一定选择红色，单击旁边的拾色器可以更改成任何你希望的颜色。本例使用红色表示蒙版中被影响的区域。

图4-45　为蒙版添加一层红色标识

选择天空的渐变滤镜■后，红色标识便覆盖了滤镜的影响范围，图中影响最大的区域红颜色最深，越往下越浅，即影响最小的区域。

当选择地面的渐变滤镜■后，红色标识便覆盖了滤镜的影响范围。因为是从下往上反方向拖出渐变区域，所以当然越往下，红色越深，影响的程度也最重。

图4-46-A　天空部分影响的范围

图4-46-B　地面部分影响的范围

4.1.5 针对性强的局部调整画笔

　　在 Camera RAW 中，局部调整工具主要有三个，调整画笔工具是其中自由度最高的一个。特别适用于形状不规则、深浅差距大的调整对象。调整画笔工具以它的细致、灵活，接手了许多之前只有 Photoshop 才能完成的工作。

图 4-47　高光和阴影分布不均差异巨大

图 4-48　使用调整画笔局部修饰后

核心技巧

　　调整画笔、渐变滤镜和径向滤镜都是局部调整工具，其本质差不太多。因此其参数设置八九成也是雷同的。而这雷同的参数设置又和全局调整中的相关设置完全一样，只是负责全局或局部的区别，这样一想就容易学了。

　　使用 Camera RAW 打开要调整的 RAW 文件，可以在选项栏上找到调整画笔工具。点选后，会在界面的右侧出现该工具的详细选项。我个人的习惯是在开始调整之前，把所有的参数都清零，让其返回到最初状态的方法是双击滑块。返回初始状态的原因是怕之前系统保存的设置效果干扰当前的调整。完全清零后，开始从曝光开始设置。我增加了一些曝光值，打算提亮画面的暗部。

图4-49 选择调整画笔

右侧参数设置的最下面，是选择画笔的大小、羽化等，如果看不到这些，可以滚动到最底部。大小当然要比照要涂抹的对象来确定，羽化一般都设置到100，这可以产生非常柔和的过渡边缘，其他参数通常保持默认值即可。

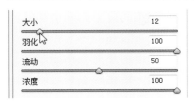

图4-50 设置画笔的大小和羽化

设置完成之后，就可以在画面中比较暗的区域涂抹，所到之处皆被按照所设置的曝光值提亮了。画面中会出现一个放大镜 🔍 代表当前编辑区域，随时单击它，即可进入该区域的编辑状态。

图4-51 在画面中较暗的区域涂抹

画笔所到之处当然都改变了，但涂抹的区域凌乱无序，很难记得哪里涂过哪里没有。在调整画笔大小功能的下面，有一个"显示蒙版"选项。勾选该项后，系统会将涂抹过的区域标识出来，这样就可以很明显看到操作过的区域。

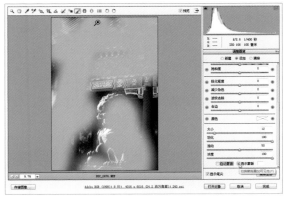

图4-52 调整画笔涂抹过的区域

在所有设置的顶端，有三个单选项，分别是"新建""添加"和"清除"。新建是建立全新的调整画笔，其调整的效果可以和前一个完全不同。添加是在当前选择的画笔区域基础上添加新的覆盖范围。清除则是在当前选择的画笔区域基础上删除一些覆盖范围。

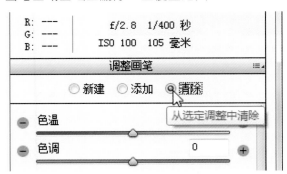

图4-53 新建和修饰画笔蒙版的三选项

在蒙版显示的前提下，可以更加精细地"雕琢"其影响的区域。主要使用"添加"和"清除"两种模式。在此过程中，画笔的大小要根据需要不断改变，但羽化值通常不必改变。

图 4-54　添加和清除蒙版区域

图 4-56　在狮子额头上涂抹

　　在照片中如果遇到暗浅程度不同的区域，或者正好需要的效果相反，就不能在单一的画笔蒙版中完成了。比如这张照片中狮子的额头和脖子过亮了，我希望压一压并恢复出些细节来。刚才用来加曝光的画笔是不是就不能用了？因此要再建立一个用来欠曝和找回细节的全新画笔。

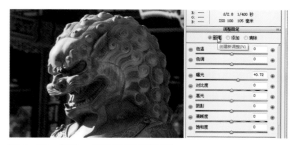

图 4-55　新建一个压暗亮部的画笔

　　在照片中狮子的额头和脖子区域涂抹，涂抹时一定要更加精确，不断用"添加"和"清除"来完善。另外，为了知道自己涂抹的区域在哪里，有时也可考虑不必让蒙版显示，而是随意设置一个调整效果，等区域涂抹完成后再修改成正确的参数。

　　接下来设置这个新画笔的参数，降低曝光以压暗画面，降低高光和阴影用来恢复更多的细节，增加清晰度和锐化程度使细节更明显。可以看到照片上出现了两个放大镜 🔎，分别代表控制不同区域、实现不同效果的两个画笔所修饰的范围。

　　另外，画笔也不光是用来提亮和压暗的，区域上色、调整白平衡、锐化等都是可以的，大家可以多多尝试不同的用法。

图 4-57　额头和脖子已压暗并恢复细节

4.1.6 能集中注意力的径向滤镜

　　这只猫拍摄自奥地利的沙夫山，当看到它一直在山顶酒店的围栏边徘徊时，我暗自想好了对焦的方式。因为猫的前面有木头围栏遮挡，全自动的对焦方式有时会误判拍摄主体。因此通过单点对焦＋手动移动对焦点的方法，将焦点锁定在猫的眼睛上，以保证焦点尽量精准。

　　本例的径向滤镜⬭是 Camera RAW 新版本增加的不错的局部调色工具，是一种可编辑的圆形滤镜。其效果相当于 PS 专统手法的建立圆形选区，羽化、反选后调色的一系列操作。但径向滤镜是基于 RAW 文件的，操作方法要简单高效得多，并且可以反复修改而不破坏画面。

图 4-58　奥地利沙夫山山顶的猫

图 4-59　突出了位于焦点的猫

核心技巧

　　很多读者对径向滤镜最大的疑问在于，它跟添加晕影的区别。Camera RAW 中有不少可以添加晕影，也就是暗角的手段，为什么还要多此一举？弄清楚这一点，主要从两个方面对理解，一个是功能的丰富性，另一个是控制区域的灵活性。具体大家可以从文中仔细了解。

　　为了更加突出主体，首先调整画面的构图，对原照片进行裁切。在 Camera RAW 上方的工具栏左数第六个图标是裁剪工具▵。选择后，在画面绘制出希望保留的区域。

图 4-60　裁剪框绘制出希望保留的区域

要更加突出主体，可以运用三分法的理论，也就是主体位于"井"字格参考线的交叉位置，因此建议把参考线调出来。用鼠标左键长按裁剪 工具不放，弹出一个菜单。菜单中包含控制裁剪比例的选项和是否显示叠加。这里选择"显示叠加"就可以出现参考线了。

图 4-61　显示叠加可调出参考线

这时可以看到裁切框出现"井"字格的参考线，把猫的头部移动到参考线的"井"字格交叉处。如今的单反相机像素越来越高，通常来说，只要原始图片拍摄质量足够清晰，应对非极端的裁切都是没有问题的。因此大家可以放心大胆地尝试更完美的构图。

图 4-62　将猫头部放在参考线交叉点

在相机校准页面选择一个合适的配置文件，已经成为我个人的一个调色习惯。为照片设置一个基本的、更接近 JPEG 直出的照片样式显然是个明智的选择。"Camera Vivid"

是使画面更加生动的选项，但每台相机并不尽相同，也可以尝试其他的选择，以个人对色彩的偏好为准。

图 4-63　让照片拥有 JPEG 外观样式

对裁剪后的图片先进行一些基础的参数调整。原图有些偏灰，图片较没有层次。适当增加了对比度，中到暗图像区域会变得更暗，中到亮图像区域会变得更亮。高光为调整图像的明亮区域，向左拖动恢复高光细节。而阴影即调整图像的暗部区域。向右拖动可使阴影变亮并恢复阴影细节。另外调整白色，向左拖动减少最亮部的修剪。调整黑色，向右拖动可减少最暗部的修剪。最后，适量增加清晰度增加立体感。

图 4-64　基本调整的具体参数

基本调整的方式往往比较生硬，如果认为它不能完全表达你希望的效果。可以转到色调曲线页面，选择"点"曲线。这里是更加自由和随性的调色舞台，可以更加精准地微调照片的效果，比如这里使用"S"型曲线细调了一下对比度。

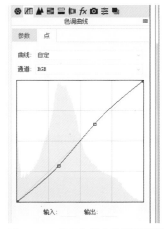

图4-65　使用色调曲线微调照片效果

因为照片本身的品质比较高，所以细节调整部分并没有太多刻意为之的地方。放大到100%的视图，适当调整即可。并非所有的照片都需要大尺度的修饰，就好像并不是所有的菜都需要添加大量的调料一样。能根据不同的情况、需求添加是非常重要的。

图4-66　锐化和杂色的调整

经过基本调整、色调曲线和细节调整后，照片已经呈现出比较合适的状态，也就是说已经具备了下一步添加径向滤镜的基础了。

图4-67　经过一系列基础调整结果

在工具栏选择径向滤镜⊙，软件的右侧会出现所有参数设置。这是一款局部调色类工具，类似的还有渐变滤镜▤、调整画笔✐等。和这里所说的径向滤镜⊙都有一项非常好的特性，就是能够局部调整色温和色调，也就是控制指定区域的白平衡。虽然并非使用开文值，只是用近似数值来模拟，但已足够方便和实用了。而一般情况下，白平衡都是针对整个照片的。

这些调整的参数多半和全局的调整手法相同，只是这里针对的是局部。调整的效果可自由控制，比如让色温偏暖。降低曝光度、增加对比度与清晰度，同时去除薄雾，等等。这里关键的一点是降低周边区域的饱和度，让除了主体猫之外的地方暗淡无光。总之，需要将焦点中的猫从周围环境中凸显出来。

图4-68　调整径向滤镜的多项参数

在众多调整项的底部，有一些该工具特有的选项，比如羽化和效果，以及显示叠加等。这些主要用来控制所影响的区域，比如边缘的融合程度、所控制区域等。所有的参数设置都必须选中照片上的椭圆虚线环才会起作用。这里效果被设为外部，即影响的区域为椭圆形的外部区域；而若点击内部效果，则影响的羽化效果范围为椭圆形内部。

图 4-69　径向滤镜的底部选项

对于径向滤镜⃝的使用，在选择后，可在画面上以猫为中心拖曳出一个椭圆的区域来。拖曳时可以凭经验大致估算一下大小和羽化边缘的宽度。椭圆虚线框表示起作用的区域，该框是可以改变大小和角度的。在框的虚线上有很小的手柄，放在圈外即可旋转拉伸它。这里羽化值被设值为 82，也就是和周围过渡非常柔和的状态。

图 4-70　羽化值为 82 的效果

单击羽化下方的"蒙版"选项，椭圆形形状以外的区域呈现一层覆盖色。这里为了显示得更加明显，在后面的拾色器中选择为红色。

图 4-71　羽化值为 100 的调整

这里展示的是效果为外部，羽化值设为 82 时的效果，也就是和周围过渡非常柔和的状态。有红色覆盖的标识，可以更加容易判断该滤镜所能影响的区域，以及羽化的程度。

图 4-72　效果为外部，羽化值为 82

调整羽化值滑块，椭圆形周围的红色区域会出现变化。这里展示的是羽化值为 0 的效果为内部时的状态，可看到边缘非常生硬，影响的区域也变成了猫本身。

图 4-73　效果为内部，羽化值为 0

大家可以通过改变不同的参数来得出不同的结果来，软件的使用就是要多多尝试，才能更好地掌握。这里展示的是羽化值为 16，效果为外部时的状态。

需要注意的一点是，要营造效果，有时不一定仅凭径向滤镜⟲本身。全局的设置也起到辅助的作用，它们互相影响。比如全局减饱和度和局部加饱和度等方式也都是可以尝试的。最后截取最终效果的一个局部，方便大家对照效果。

图 4-74　效果为外部，羽化值为 16

图 4-75　最终效果的局部特写

4.1.7　数码版的中灰渐变镜

因为相机宽容度等问题，天空细节不够丰富或蓝天不够蔚蓝、霞光不够绚烂时，通常会使用到中灰密度渐变镜。此滤镜可以压暗天空，使其拥有更丰富的细节，并且与地面"接口"处的过渡也非常自然。

但中灰渐变镜毕竟用起来不太方便，直接用镜头拍摄可以吗？如果拍摄时使用了 RAW 文件，天空其实是包含丰富细节的，只是没有被有效地提取出来而已。

图 4-76　天空一片惨白的 RAW 文件

图 4-77　天空出现了丰富的细节

核心技巧

　　虽然渐变滤镜的经典用法是为了压暗天空。但工具要活学活用，草原、山川等都可以使用渐变滤镜工具来控制，使其层次分明、光影丰富。

打开 RAW 原始文件，可以看到源文件的
天空一片残白。在提取天空之前，最好做一些
基本的常规调整，如对比度、清晰度、饱和度等。
这些设置以地面效果为准，不必照顾天空是否
被恢复。

图 4-78　基本的常规调整

在 Camera RAW 上部的选项栏中，找到
渐变滤镜工具 🔲。直接在照片上拖曳即可，目标
区域当然是在天空的部分。绿点（线）和红点（线）
分别代表起始和结束的范围。拖曳出来的效果继
承上次设置该工具的效果，比如鲜艳或者欠曝等。
如果像这样画出来只是个范围（无效果），那是
因为我把所有的参数都归零了。

图 4-79　渐变滤镜的有效范围

接着就是设置渐变滤镜的参数，大方向是
压暗天空并使天空偏蓝。可以使天空更暗的操
作包括减少曝光、亮光和阴影等。可使天空细
节和轮廓分明的操作包括加强对比度、清晰度
和锐化程度等。具体参数并不固定，大家可以
按自己的需求尝试。

图 4-80　压暗天空并使其细节丰富

具有丰富细节的天空过于灰白了，如果能
上一点颜色会更好些，可以增强颜色的参数有饱
和度或直接通过拾色器选择等。另外，在新版的
Camera RAW 中还可以单独对局部区域设置色
温。通过这两项的设置使天空微微偏蓝，考虑到
整个照片的协调，程度不必太过头。

图 4-81　用饱和度和色温为天空上色

当然，咱们选的这张素材有些中规中矩了，
很多情况下天和地不会如此水平和规则。这其
实不必担心，渐变滤镜工具 🔲 能够拖曳红绿线
段来改变其受影响的范围，当然也可以旋转线
段来改变角度，甚至可以拖曳中间的线段来移
到更精准的位置。如果一个滤镜不够用，也能
添加更多的渐变滤镜，分别调整画面中的区域。

图 4-82　渐变区域可伸缩和旋转

4.1.8 常用人像调色的基本流程

　　本文提到的基本流程是指如果拍摄的人像照片不过曝、不欠曝，也没有大反差高光阴影的问题，那么如何改善才能使照片更好一些。因为没有大尺度的弥补缺陷的操作，所以相对这样的流程会比较通用一些，适合大部分照片的改善。

图 4-83　原片曝光正常　模特: 薛周彤

图 4-84　经过基本调色后人物更鲜明

核心技巧

　　不是所有的设置项都必须调整，也不是调整的量越大越好。所有的需要都取决于适当不适当，一切当以恰如其分为第一标准。

使用 Camera RAW 打开要调整的 RAW 文件，当然是在"基本" ⊙ 选项卡。这是一张儿童照片，因此曝光和白色上可以增强一些。基本上要表现阳光、清新的感觉肯定是不能欠曝的。对比度是大部分照片都要增强的一项，可以使照片立刻通透分明起来。加强阴影项，主要是用于将背景提亮，恢复一些细节出来。

图 4-85 "基本"选项卡中的设置

下边主要有三项：清晰度、自然饱和度和饱和度。这三项在调整人像中起的作用通常不大，当然特殊情况除外。清晰度往左少许，使整体轮廓柔和而不生硬。自然饱和度和饱和度使整个色彩增强一点，但都是非常少量的。

图 4-86 使画面柔和鲜艳

通常"基本" ⊙ 选项卡的参数设置完成后，要进入"色调曲线" ⊿ 选项卡中进行细化调整。调整方式有两种，"参数"和"点"。参数调整更简洁，而点调整更自由。和 Photoshop

中的曲线基本相同，能够进行随心所欲的控制。比如这里恢复了些高光，又增加了一点对比度。对于较细微的调整，在确定控制点位置后，移动键盘上、下、左、右方向键来改变。

图 4-87 调整色调曲线

基本的调色完成后，就是处理细节的部分了。"细节" △ 选项卡主要分为两大部分："锐化"和"减少杂色"。锐化是几乎所有照片都要进行的一步，通常要放大之后来观察完成的效果。另外，同样的锐化程度应用在照片不同的区域效果是有差异的，比如皮肤和头发，需要移动画面确定以哪里为准。

而减少杂色并不是所有照片都需要的，通常欠曝、阴影中、ISO 高或夜晚噪点比较多的情况下需要用到，其他情况该项可保持默认值。

图 4-88 在"细节"选项卡锐化照片

如果个别颜色不够满意，可进入用于独立调整颜色的"HSL/灰度" 选项卡。这里我主要改进了背景中绿叶的颜色，增加了饱和度和亮度。另外还改善了裙子的颜色，裙子包含紫色和洋红两个滑块的元素，增强这两项即可，调整时注意裙子的层次。

图4-89　增强特定的色彩

也可以为照片增加一些效果，Camera RAW 中提供的并不多，但比较实用。一个是颗粒，一个是裁剪后晕影。这里增加四角的晕影，名字注明了是"裁剪后"，但其实无需裁剪，照片直接就可以应用该效果，数量向左拖曳即可压暗四角，突出主体。

也可以控制中点，以保留中间区域明亮范围的多少、控制羽化以决定暗角过渡的平滑程度等，总之不断尝试更接近你期待的效果。

图4-90　增加四角的晕影

一直以来，我们都是依照人像的倾向来调整的。所以旁边这棵大树被影响了，太平面不立体，也不够厚重。可以考虑加一个渐变滤镜

，该滤镜通常会被用于压暗天空，但使用方法可以非常灵活和自由，不要被固定思维束缚。

选择该工具，在树干上拖曳出一个范围。参数的设置主要有这么几点，曝光不必降低太多，毕竟整体并不过曝。亮光和阴影都要大幅度降低，其实是把局部过亮的区域压暗。清晰度、饱和度和锐化程度要加强，主要是使树干的材质和纹理更加突出，色彩更加深沉。又因为这个滤镜是从深到浅渐变的，所以树干的立体感也更强了。还有一个细节要注意，就是局部色温增加了一点，呈现树干上暖暖的光线。

图4-91　使树干更加立体

最后，也可以在孩子的身上打一束暖洋洋的光线。选择径向滤镜 工具在人物的斜上方拖曳出一个狭长的范围，然后旋转至合适的角度。在右侧的径向滤镜 参数设置中，增加色温值，再增加一点曝光。其他值清零，清零的方法是双击滑块。该工具的用法有专门的一节来讲解。

图4-92　为人像增加暖暖的光束

4.1.9 全局到细节的多层次清晰化

一提到清晰，多半就会先想起锐化。当然锐化是使照片清晰最核心的一环。但据个人的理解来说，清晰化是一个综合的处理过程，需要多项设置来配合，并不是某一个参数能完全控制的。

图 4-93　基于 RAW 的原始数据
摄影：吴全海

图 4-94　经过多层清晰化处理后的照片

核心技巧

与生活和事业一样，成功或失败往往都是多方面原因作用的结果。过分地强调某一项原因通常都较难还原事情的真相。调图也一样，最后展现出的丰富"味道"，可能来自众多"调料"的作用，以及细致"火候"的把握。

使用 Camera RAW 打开要调整的 RAW 文件，原照片因为是没有经过处理的原始数据，所以比较灰暗，而且不够清晰，很多时候这并不是拍摄者的问题。通常在调整之前，我会双击滑块将没有在原位的设置清零，这样才好确定每一步调整效果的精确性，并且在增加对比度之前，我习惯将曝光量增加一点，因为之后的多步操作常使照片看起来很昏暗。

照片清晰不清晰，对比度是第一层起到重要影响的参数。对比度增加照片整体的反差，会使暗部更暗，亮部更亮。加强对比度可以使全局的光影感觉立体起来，效果立竿见影。

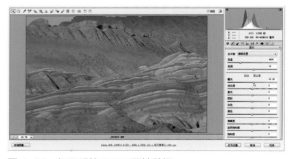

图 4-95　打开后的 RAW 原始数据

图 4-96　增加照片的对比度

当完成对比度设置后，只要再放大一些，就会发现山峰石块的肌理又不够清晰了。清晰度就是针对这个问题产生的，第二层有重要影响的处理就是增加清晰度的值。它通过提高局部对比度来增加图像的深度，类似使用了大半径 USM 锐化的效果，特别是对中间调影响最大。但该选项要适量使用，数值过大时，图像边缘可能会出现难看的光晕。

图 4-97　适量增加清晰度的数值

让照片清晰明朗，适当地增加一些饱和度也是有必要的，所谓饱和度可以简单地理解为鲜艳程度。饱和度一般有两项可调：自然饱和度和饱和度。其中自然饱和度对画面中不够鲜艳的元素作用更大，而对已经足够鲜艳的元素不起作用或少起作用。而饱和度就不会分辨是否已足够鲜艳，而是等量地将鲜艳添加到整个画面中。

因此自然饱和度可以设置得大一些，因为它主要是"雪中送炭"，无非是寻找一个平衡。而饱和度设置得通常要小得多，因为它是"锦上添花"，弄不好就"添"得过分了。

比如这里主要将阴影压暗、白色提亮，整个照片按我希望的方向明显改善了。浅色的纹路被凸显，光线照射的感觉被突出和强化了。

图 4-99　阴影压暗、白色提亮

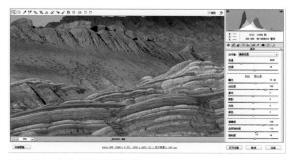

图 4-98　提高照片的鲜艳程度

经过刚才的一系列处理，如果照片看起来还不够清楚明朗，那么还有一些不错的技巧分享给大家。让画面的元素看起来结构分明、纹路细节丰富，其关键基本都是在明暗的反差上。如果达不到很好的效果，那多半是这种反差还不够明朗。

这里有 4 个设置项可以尝试，分别是高光、阴影、白色和黑色。分别控制着照片的亮部、暗部、最亮和最暗部。并不是这 4 个选项每次都要动，

当然如果进一步放大，就会发现只有整体反差强、纹路明显还不够。细节还是软软的，没有岩石那种坚硬挺拔的感觉，而这时便是该使用锐化功能的时候了。先切换到"细节"选项卡，将锐化增大到合适的数值。其实锐化说到底也是增加对比度，不过是查找元素的边缘并像素级别的强化对比度罢了，这也就是所谓第三层对清晰化影响最大的设置了。

图 4-100　适当加强锐化值

锐化类的操作都是强调细节的，通常在查看和比较时，尽量放大到 100％ 的视图状态下。这里截取了两张这样的局部比较图。可以看到基于 RAW 的原始数据和经过多层清晰化处理后的局部差别。

图 4-101-A　基于 RAW 的原始数据局部

图 4-101-B　经过多层清晰化处理后的局部

4.1.10 废片不废——过曝废片变大片

在高原上拍摄有个好处，就是所有的学艺不精都可以赖到高原反应上。比如在海拔四五千米的位置，相机的测光系统似乎是紊乱了，照片亮一张，暗一张，无规律变化。朋友催促下山，也顾不了那么多了，设为 RAW 文件，先拍了再说。Camera RAW 中的恢复是令人欣慰的，这是过曝的一张照片调整前后的对比图。

下了山才发现紊乱曝光的问题所在。是不小心设到"包围曝光"上了，肯定得欠一张，过一张，正常一张。这里再选出一张过曝的来恢复。

图 4-102　调整前，过曝的 RAW 原片

图 4-103　恢复正常曝光和色彩后的基本效果

图 4-104　增加了创意色彩和局部调整后的效果

　　针对原片，这次改变一下思路，分三大步来完成，尽可能恢复丢失的细节和色彩。

（1）是使曝光达到正常范围，对色调曲线微调，并对细节进行优化。

（2）是色彩处理，添加基本的色彩，并对单独的颜色进行细调。

（3）对画面局部进行控制，并对色彩和层次加入自己的想法和新的尝试。

◆ **恢复正常曝光**

　　在解决过曝问题时，从直方图中可以明显看出像素在亮部聚集。我把颜色取样器工具放在图像的亮部，可观察到数据"R:255 G:254 B:254"，说明最亮部已接近死白。

　　可利用直方图上部两侧的阴影修剪警告和高光修剪警告两个小三角来观测画面的溢出问题。

　　在某些情况下，发生修剪是因为使用的色彩空间的色域太小。可考虑使用具有较大色域的色彩空间，如 AdobeRGB 或 ProPhoto RGB。这里单击软件正下方的链接，将原图色域较小的色彩空间 sRGB 改为更大的 AdobeRGB(1998)。

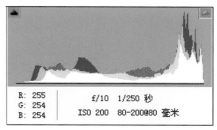

图 4-105　过曝图像的直方图和取样点的 RGB 数据

图 4-106　修改色域空间为 Adobe RGB

在"基本" ⚙ 选项卡中，白平衡不动，暂时使用原照设置。因为过曝，减少"曝光"值为 -1.60。加大"对比度"至 +38。减少"高光"为 -44。

至此，整个画面会被压得非常暗。并不是要解决过曝问题，就是把画面压得越暗越好，而是讲究平衡二字。因此阴影反而要加到 +88，白色加至 +38，黑色减至 -3，让画面达到该黑的地方黑，该白的地方白，而并非一味追求恢复亮部细节。

最后，清晰度设为 +38，与上面的对比度 +38 一起，表达画面的层次和明暗关系。

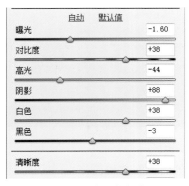

图 4-107　基本曝光调整参数

调整后的结果可以看到，画面的亮部和高光细节已经完全恢复了。各局部的曝光基本都在正常的范围内，并且画面的层次感也有了。

图 4-108　基本曝光调整结果

"色调曲线" 📈 选项卡中的控件可以对这些图像进行微调。其中又分为"参数"和"点"两个小选项卡。下方 4 个滑块可控制"参数"

页的曲线设置。根据想要达到的效果，分别调整高光为 -5，亮调为 +6，暗调为 +12，阴影为 -9。

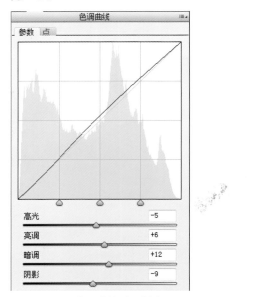

图 4-109　用色调曲线对曝光微调

高光进一步挽回，亮调和暗调分别提高，阴影压下去，以求更好的对比度。调整结果的差别非常微小，但调色就是这样。往往都是一个个不起眼的小调整，最终组合成更加完善的画面色调。

图 4-110　色调曲线对曝光微调后的效果

在"细节" 🔺 选项卡完成对细处的雕琢，一是锐化使照片清晰并细节丰富；二是减少杂色，以求细节处的噪点降低，画质更好。两者的参数需要达到平衡的状态，锐化过头会强调噪点，减少杂色过头会使局部失去纹理和质感。

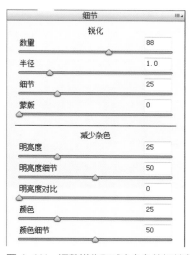

图 4-111　调整锐化和减少杂色的相关参数

最好把画面放大，甚至到 100% 左右来看，否则细节调整的效果会不够明显。之前我们学过关于锐化蒙版的操作，可用此法将山峰锐化，而保持云彩之柔美。

图 4-112　锐化和减少杂色后的细节效果

◆ **基本色彩恢复与加强**

现在初步为图像上第一层色彩了，先回到"基本" ◉ 选项卡。在右侧参数的下部，调整自然饱和度为 +26，加强色彩暗淡部分。调整饱和度为 +8，为整体统一添加少量色彩。

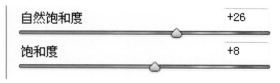

图 4-113　初步为图像添加色彩

添加后的结果可以看到色彩比之前鲜明了，但感觉较平，没有层次和亮点。另外，天空略微偏青色，如能向蓝色偏移些会更好。

图 4-114　初步添加色彩后的效果

进入 HSL/ 灰度 ▣ 页面，分别有色相、饱和度和明亮度三个子选项卡。按照之前的思路，依然先从饱和度调起。笼统地说，该画面的色彩基本是由黄和蓝组成的。黄色中又掺杂有红和橙的成分。因此增加红、橙、黄这三色的饱和度会达到控制地面黄色调的效果。

天空的主要色调为蓝色，增加蓝色饱和度毋庸置疑。仔细观察，天空还有小部分轻微的紫色。虽然效果不明显，但我还是希望能强调这一点，为之后的调整做铺垫。

图 4-115　单独调整个别颜色的饱和度

明亮度的调整我个人的理解，不光是亮一点或暗一点这么简单。更多是增加色彩的层次感。比如地面色彩很平淡，本身几乎是一块全无立体感的色块。分析后可知橙色和黄色占的比例最多，可将两色往反方向交叉调整。黄色向左压暗，橙色向右提亮，这样色彩的层次就会完全不一样了。而其他颜色在这一页面非重点，根据需要适当调整即可。

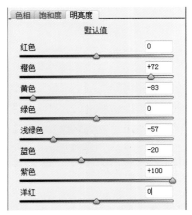

图 4-116　单独调整个别颜色的明亮度

图 4-118　加强画面个别颜色的效果

色相这一页主要动了三种颜色。其中改变黄色主要是配合明亮度继续强调地面的色彩层次。蓝色是将原来天空的青色往蓝色偏移，解决偏色问题。调整紫色则继续为后面铺垫。

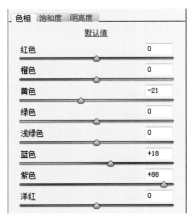

图 4-117　单独调整个别颜色的色相

可以看到，单独调整个别颜色后，整个画面明朗了。过曝问题已完全解决，并且加强了色彩和细节，如只求正常的调整效果，这样基本就完成了。

◆ 创意色彩与局部增强

接下来的调整，其实是在正常效果完成后，加入创意性的色彩，让画面看起来更富有想象力。这里需要对画面的几个局部进行控制，对其色彩和层次进行新的尝试。首先对天空添加浪漫梦幻的紫色，并与原来的蓝色交相辉映。

一般来说，调整天空用"渐变滤镜工具"貌似比较正统。但需要考虑到更加精细的问题，比如我不希望山顶上出现过多的紫色或蓝色。因此这里选择"调整画笔工具"来完成效果，画笔的大小和羽化参数只是作为参考，因此在绘制过程中这个值是要灵活改变的。可以勾选"显示蒙版"复选框，用来参考画笔涂抹的具体区域。

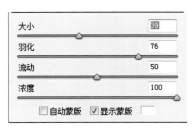

图 4-119　设置调整画笔的大小和羽化值

如今的调整画笔非常强大，可以直接改变局部色温和色调，这就意味着创意性的修饰画面中的局部色彩更加方便，效果也会更加自然了。这里把色温偏向蓝色 -19，色调偏向洋红 +50，以给天空添加蓝色和紫色。其他参数不是重点，可适量调整。

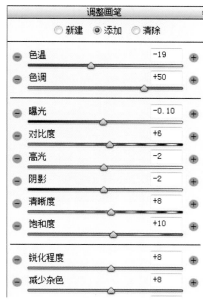

图 4-120　设置画笔的调整参数，重点是色温色调

用设置好的画笔在照片云彩部分擦拭，不断改变画笔的大小和羽化值来适应该区域的形状。临近山顶的地方要特别注意不要覆盖到上面，避免山顶偏色。可通过添加和清除对绘制的区域进行修饰。

图 4-121　在云彩部分进行擦拭

可以看到，为天空添加了一些有趣的色彩。紫霞满天与蓝青色相互交融，颜色层次更加丰富多彩，并且调整完全没有影响到山顶的色彩，过渡自然、不留痕迹。

图 4-122　调整后紫色与蓝青色交融的天空

天空的色彩出来了，很大的原因是单独调整了其色温色调。这样一比较，山脉和土地的颜色显得有些平淡了，如果能趋向于金色，就再好不过了。再回到"基本" ⚙ 选项卡，调整整体的白平衡。将色温向右调至 6 250K，色调归位于 0。虽然是对整体调整到偏暖，但因为天空已经独立出来，所以受影响的基本是除天空之外的区域。

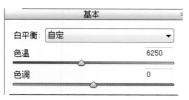

图 4-123　对整体色温进行调整

此次色温修改后，可以看到片片金黄的土地，缕缕紫色的云彩。我们的色彩已从现实中脱离，进入了发挥想象的空间。

图 4-124　单独调整过局部色温后的效果

继续加强不够完善的局部，部分山体和土地不够清晰。在这里设一个调整画笔 ✏ 来强化它，主要在锐化程度上修改。其他无需要大动，增加少许便是。

图 4-125　该调整画笔的重点在锐化程度

调整画笔 ✎ 所要涂抹的区域为图中白色半透明范围，注意边缘的过渡要柔和自然。实在看不清时，可尽量放大观察。

图 4-126　对需要锐化的范围进行涂抹

继续强化地面的金黄色，刚才我们用了一招改变色温的方法。但较低版本的软件可能没这个功能，因此有个替补方法非常必要。这里使用渐变滤镜 ▣，设置参数的下方有个颜色选项，在此处强制选一个黄色覆盖在画面上。其他参数非重点，主要用来强化对比度、清晰度和饱和度等，可按图所示调整。

图 4-127　为渐变滤镜设置一个黄色

渐变滤镜 ▣ 被很多朋友局限于调整天空，充当现实中的中灰渐变滤镜使用。其实在软件中是比较灵活的，比如这里在左下方的土地上

拉出一个渐变区域，把刚刚设的淡黄色附加上去，再强调一下色彩。

图 4-128　使用渐变滤镜在画面左下角拖出区域

再添加一个新的渐变滤镜 ▣，设置其参数。主要强调右侧画面的色彩、对比度和质感。相关参数可按需设置，或参考本文的数值。

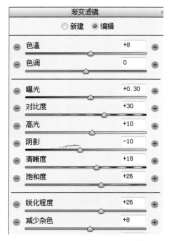

图 4-129　设置渐变滤镜参数

使用设置好的渐变滤镜 ▣，在右侧画面拖出一个渐变的范围，把相应的效果附加上去，可以看到质感和色彩更强烈了。至此，所有调整完成。

图 4-130　在右下角绘制渐变区域

4.2 一招半式快速调片

4.2.1 柔光法消除阴霾提高反差

调色不光可以使用"曲线""色阶"等调整工具。在不少情况下，还可以利用"混合模式"快捷高速地完成类似的效果。在照片的调整中，最常见的就是控制"曝光"和"对比度"。这些可以通过"混合模式"中的"滤色""正片叠底""柔光"等完成，通常只需一步即可，我把它们总结为"混合三宝"。

其中照片颜色发灰不够通透的原因有多种，比如空气污染、有烟雾，或者单反相机为了保留细节故意为之。

图 4-131　原图照片发灰对比度不够

核心技巧

使用"混合模式"要灵活机变，不要死搬硬套。有时它只是提供了一个更好的开始，如果结果不够完美，完全可以利用其他手段适当调节以更趋向于最终目的。

图 4-132　使用"柔光"与自身混合后

　　在"图层"面板复制背景图层，方法是按 Ctrl+J 组合键。因为混合模式有两层才可以起作用，所以这里要复制出与背景图层完全相同的"图层 1"，用来实现与自身叠加。

图 4-133　复制出完全相同的副本

　　"图层"面板的"混合模式"是一个菜单列表，默认情况下显示为"正常"。不少初学者以为一定有"混合模式"字样可寻，其实是找不到的。单击"正常"标签，在弹出的列表中出现多组混合模式，中间由黑线隔开，这里选择"柔光"模式。

　　"柔光"模式通常被用来增加画面的对比度和通透感。如果重叠照片的混合色比为 50%，则进行减淡让亮部更亮，反之则进行加深让暗部更暗。

图 4-134　使用柔光混合模式

　　就这么一步其实已解决问题，通常会出现 3 种结果。一种就是恰到好处，这自不必说。还有就是效果过于强烈，补救方法是在"图层"面板中降低不透明度即可。再有就是效果不够，那便继续按 Ctrl+J 组合键复制新的背景副本图层继续上述的操作，一层不够再加一层，直到效果令人满意为止。

图 4-135　改变不透明度以减弱效果

4.2.2 滤色法高效美白皮肤

"滤色"混合模式作为"混合三宝"之一，主要作用是提亮画面、改善欠曝问题，常应用于人像，可快速使皮肤更加柔美、白皙。

图 4-136 原照皮肤较暗 摄影：李智 模特：郑红艳

核心技巧

因为有两个相同的图层，所以如果画面中哪些区域不需要混合后的效果，可以使用"橡皮工具"，设置柔边大画笔擦除。

图 4-137 使用"滤色"混合模式后

按 Ctrl+J 组合键在"图层"面板复制背景图层。因为"混合模式"有两层才可以起作用，所以要复制一份背景图层，用来与自身叠加。

出现多组混合模式，中间由黑线隔开，这里选择第三组中的"滤色"模式。需要注意的是，"混合模式"需要上层与下层混合，反之则不可，因此要保证上层为选中状态。

图 4-138 复制背景图层

"图层"面板的"混合模式"默认情况下显示为"正常"。单击该字样后，在弹出的列表中

图 4-139 选择滤色混合模式

一步而已，照片已被提亮，人物皮肤已经增白。通常会出现 3 种结果，恰到好处时自不必多说。如果效果过于强烈，在"图层"面板降低不透明度即可。此模式下没达到预期效果的概率较小，万一有此情况，就继续按 Ctrl+J 组合键复制背景图层，重复上述操作，直到效果令人满意为止。

"滤色"模式是针对整张照片叠加的，显然头发等不需要提亮增白的地方也被施加了该效果。幸好有两层，只需选择"橡皮擦工具"，设置柔和边缘的大画笔，擦拭头发等不需要美白的地方，被擦拭部分就会显示背景图层的状态。

图 4-140　降一点不透明度

图 4-141　将头发恢复到乌黑

4.2.3　正片叠底法增加画面厚重感

混合模式有很多，调色用得比较多的记住三项就够了，我称之为"混合三宝"。其中正片叠底这一项，个人使用的体验是主要用来压暗画面、抑制过曝、增加画面厚重感和色彩。

图 4-142　原图木门色彩不够厚重

图 4-143　正片叠底增加了沧桑感

核心技巧

软件中大部分列表，如混合模式、文字字体等，都可以通过方向键来切换浏览。这样做非常有必要，因为这类列表中的选项往往是大量的，靠鼠标单独选择效率会极低。

在布拉格的老城区闲逛时，正赶上阴天，一切都显得灰蒙蒙的。突然发现一扇很旧的木门，锁眼和把手周围锈迹斑斑。这本来是很有感觉的老东西，但拍出来却不是那么回事，很明显是太灰、太亮了。色彩不够浓郁厚重，比较适合使用正片叠底来抑制一下。

打开照片，按 Ctrl+J 组合键在图层调板为背景图层创建一个副本。混合模式有两层才可以起作用，所以这里要复制出完全相同的副本用来与自身叠加。

图 4-144　创建背景层的副本

混合模式是一个弹出的菜单列表，位于图层调板左上方。默认情况下显示为"正常"二字，单击后可在弹出的列表中出现多组混合模式，这里选择"正片叠底"。

当然，也可以尝试其他混合模式的效果。如果觉得一个一个选太麻烦，可按上、下方向键来切换预览。

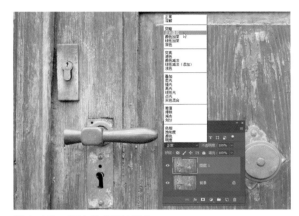

图 4-145　混合模式正片叠底

完成后的结果照片会厚重很多，木头门更有经历了多年风吹雨打的感觉。原来并不显眼的颜色（如黄色）也都被强化了不少。门上的金属部分也变得更加有质感和立体感了。

图 4-146　两层正片叠底后的效果

但感觉程度有些过重了，可在图层调板降一些不透明度，也就是让两层中和一下，以达到更加和谐的效果。

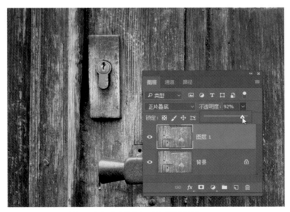

图 4-147　降低不透明度以达到和谐效果

4.2.4 运用混合模式调色

用"混合模式"调色时需要了解它们并非只能孤立的使用，而是可以三三两两地结合以达到最终的目标。比如一项负责增加曝光，另一项则进一步改善对比度，效果叠加取得复合结果。

图 4-148　原图曝光和对比度需要改善

图 4-149　曝光和对比度得到改善

核心技巧

在学习"混合模式"的过程中，理论当然很重要，但不断地试验和体会众多"混合模式"之间的差异更加重要。不求倒背如流，但求一招制"敌"。

先按 Ctrl+J 组合键复制背景图层备用，将新图层命名为"图层 1"。当然也可以考虑最开始就复制出两个背景图层，先后顺序不同其实并无大碍。

图 4-150　复制出背景副本

先解决照片的曝光不足问题，选中"图层1"，因为"混合模式"操作规则为上层对下层进行叠加，反之则无效。单击"正常"二字，在出现的列表中选择"滤色"项以增亮画面。

图 4-151　使用"滤色"加亮画面

可以看到照片曝光不足的问题迅速被改善，不过效果过于强烈。可在"图层"面板中改变"不透明度"从而减弱这种效果，不必大幅度调整，画面亮度只需要比正常曝光稍亮一些即可。

如果最开始没有事先复制出两个背景图层，这时进行第二次复制也无大碍。按 Ctrl+J 组合键再复制一个"图层 1 拷贝"图层，你会

发现照片被附加了双重的"滤色"效果，明显画面变得更亮了。将该层的"混合模式"改为"柔光"，从而增加画面整体的对比度。

图 4-152　降低不透明度后的效果

图 4-153　改为"柔光"混合模式

这时的照片一共有 3 层，即被同时叠加了"滤色"和"柔光"两种混合模式。这不但增加了曝光，还增加了画面的通透程度。

图 4-154　减弱柔光的效果

4.2.5 快速提升阴影细节

关于照片的暗部，我个人的体会是，如果暗部包含大量的细节和重要信息，就尽量基于 RAW 格式进行恢复。JPEG 格式得可调整性相对来讲比较差，就是说 JPEG 格式的照片即便提亮了暗部，产生的噪点和色斑也足使其变成废片。

但这不能一概而论，从而放弃修复的机会。当相机画质足够好，并且暗部主要是石头或沙土等非"严谨"内容时，用 JPEG 格式的照片进行暗部恢复也不妨一试。

照片是由旗舰机 D3X 拍摄的，拍摄时，只将注意力放在人物是否能站在井字交叉点上，忘记设置照片格式为 RAW，所以只留了这张 JPEG 格式的照片，巨石下的阴影通过一两步调整即可恢复高质量的细节。

图 4-155　原图巨石下严重的阴影　　图 4-156　提亮后暗部细节丰富

核心技巧

A：不是所有的调色都需要选区的，辨识明暗和色彩即可快速调整。
B：调色不是竞赛，不必追求极限。因此提亮适可而止，程度舒服即可。

执行"图像 > 调整 > 阴影 / 高光"命令进入"阴影 / 高光"对话框，该对话框专门用来提亮暗部和恢复亮部细节，非常智能，暗部已经自动被提亮了，甚至都不用任何设置和任何选区就已被识别。

图 4-157　自动提亮暗部

据我了解，大多数从事艺术行业的人都是完美主义者，凡事总要再三推敲。其实摄影最重要的就是光影，提亮暗部的目的只是想表现出画面更多的细节而已。因此刚才的操作结果显然使画面效果太过明亮，阴影部分需要降低亮度。将阴影数量滑块向左拖动，直到满意为止。标准就是既要展示细节，又要保持光影效果。

图 4-158　减少一些提亮程度

另外，提亮后的画面色彩饱和度明显降低。在对话框的调整部分，有"颜色校正"功能，往右拖曳滑块直到色彩令人满意为止。单击"确定"按钮结束这次调整过程。你可能想问有那么多选项参数为何不一一解释。正所谓"擒贼擒王"，记住对自己最有实用价值的核心参数就足够了，没必要像背字典一样学习。

图 4-159　弥补一些色彩

也许细心的读者会发现我的对话框有丰富的选项。只要勾选左下角的"显示更多选项"复选框就和我的内容一样了。

图 4-160　显示更多选项

4.2.6 用粉刷匠的涂抹法调色

我一直在尝试寻找和对比哪种才是最简单有效的局部调色方法，我认为涂抹法应该算是其一。虽然操作过程看起来不够技术性，但实用易学。

图4-161 原图局部明暗、饱和度均需调整

核心技巧

A：操作简单到一"涂"而就，关键是尺度和手法，比如画笔的大小和柔和程度。

B：善用渐隐是极好的技巧，甚至强于事前设置不透明度。关键是能很好地预览回退的程度，而不必每次都要考虑好使用的"力道"才去行事。

图4-162 经过多重涂抹后的效果

一句话解释这种方法，就是使用画笔在照片上"擦拭"。最重要的就是工具箱中的"减淡""加深"和"海绵"这组工具，分别控制局部的加曝光、减曝光和提高或减少饱和度。

次重要的一组工具是"模糊""锐化"和"涂抹"工具。这一组工具使用频率最高的当属"锐化"，其他两个工具相对使用频率较低。"锐化"控制焦内更清晰，"模糊"控制焦外更虚化，而"涂抹"是把一些明朗的边界色彩揉搓到一起。

图4-163 减淡加深海绵 　　图4-164 模糊锐化涂抹

需要特别了解的概念是，Photoshop中提到的画笔是广义的，泛指一切可"涂抹粉刷"的工具。也就是说，不光画笔工具是"画笔"，像"减

淡""加深""锐化"这些都可称为画笔，并和普通画笔的使用方法基本一致。

在照片的左侧偏暗，先使用"减淡工具"提高这部分区域的亮度，这里的减淡可认为是加亮的意思。在选项栏上将"减淡工具"的画笔调至足够大，硬度调至0%，得到一个边缘柔和、体积庞大的画笔。

图4-165 改变画笔的大小和硬度

"减淡工具" 可以作用在照片中阴影、中间调和高光 3 部分。如选其一，则画面的其他两部分不受影响，通常选择中间调，在擦拭过程中也可随时切换操作范围。"曝光度"是指画面加亮的程度，通常设置为较小的数值，如效果不明显可多次使用。"保护色调"选项比较重要，会使新添加的亮度与原图能够自然融合，画面中无突兀区域。

图 4-166　减淡作用的范围

设置完成后，用这个巨大并且边缘柔软的画笔在照片的左侧较暗处擦拭，将左侧画面提亮。在操作之前，要做到对效果作用的区域心中有数，按住鼠标左键涂抹要一气呵成，不要涂抹多次。

图 4-167　对左侧画面减淡加亮

一气呵成有什么好处呢? 原因在于"渐隐"功能的特性，它只对刚刚操作完的一步有效。如之前涂抹多次，则无法对操作过的左侧画面整体渐隐。

"渐隐"功能的位置是在"编辑 > 渐隐..."，作用是逐渐减弱刚刚执行的画笔效果，比如太亮或太鲜艳，都可以通过渐隐减少其不透明度，并观察预览，直到获得希望的效果。

图 4-168　逐渐减弱刚刚执行的效果

与"减淡工具" 用来提亮画面相反，"加深工具" 当然是用来局部压暗画面的亮度。与"减淡工具"的设置参数几乎一样。比如作用的区域范围也分阴影、中间调和高光，也有创建更自然融合效果的保护色调功能。

这里用"加深工具" 压暗右侧画面的亮度，因为是 JPEG 格式文件，如果被压暗区域完全曝光过度没有任何细节，则即便是压暗画面亮度，也不会凭空产生丢失的画面细节。如需寻找高光细节，在拍摄时就创建 RAW 格式文件进行拍摄。

图 4-169　压暗画面的右侧

明暗关系确定后，可考虑调整画面的局部"饱和度"。"饱和度"可认为是画面颜色的鲜艳程度，可由"海绵工具" 来进行增加和减少。模式包括两种，加色和去色，也就是增加鲜艳程度和减少鲜艳程度。另外有"自然饱和度"选项，这和"保护色调"功能类似，目的都是希望施加到照片上的效果更自然地与原图融合，尽量减少突兀感。

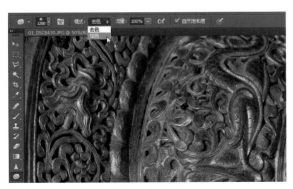

图 4-170　"海绵工具"的去色和加色

"海绵工具" ❏与之前减淡和加深画笔的大小软硬几乎相同，分别以加色和去色模式在画面上涂抹，左侧画面加色，右侧画面去色。完成之后主体颜色更加鲜艳突出，如果觉得效果过于夸张，同样可使用"渐隐"进行减弱和回退。

当明暗关系和色彩都觉得合适后，使用"锐化工具" ◣对画面主体进行局部锐化。务必要放大照片，否则不易观察到锐化前后的细微差别。如有必要，还可以使用"模糊工具" ◖对焦外画面进行模糊操作，以强调虚实对比。

图 4-171　使局部鲜艳或褪色

图 4-172　锐化照片焦内主体

4.2.7 快速生成 HDR 色调

通常会使用"合并到 HDR Pro"叠加多张照片来达到真正的 HDR 效果。而调整菜单中的"HDR 色调"命令只要求提供单张照片，即可实现 HDR 的风格效果。当然可以想象其所能控制的色调范围和达到的尺度会相对有限，但对于要求不高的应用却显得快捷高效。

图 4-173　原图内蒙古呼伦贝尔　摄影：孙先锋

图 4-174　完成后的 HDR 色调

该命令不支持调整图层，因此需要执行菜单"图像 > 调整 >HDR 色调"进入相应的对话框。需要提到的是，软件会提醒你必须合并图层。但这样一来，一些效果就无法实现了，比如添加蒙版将原图和创建出的 HDR 效果融合。本节的最后会解决这个问题。

图 4-175　进入 HDR 色调对话框

预设提供系统已经设计好的一些 HDR 效果，这和"合并到 HDR Pro"几乎完全一样。可以直接使用这些效果，也可以利用这些预设为起点，进一步完成自己希望的效果。这里展示了"超现实"和"逼真照片高对比度"两种预设的处理结果。

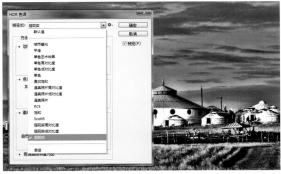

图 4-176　两种预设的处理结果

常用的选项主要包括"边缘光""色调和细节""高级"这三部分。"边缘光"主要控制边缘轮廓光的粗细和强度。"色调和细节"主要控制曝光、对比度和锐化程度。"高级"主要控制暗部和亮部的细节，以及照片的鲜艳程度。这些选项在本书讲解"合并到 HDR Pro"命令时已经详细描述，这里不再重复。

图 4-177　常用的三部分选项

最下面还隐藏一些选项，可单击折叠的小三角将其展开，展开后就是"色调曲线和直方图"。可以沿用正常曲线的方法来调整，完成后直接单击对话框右上角的"确定"按钮完成设置。

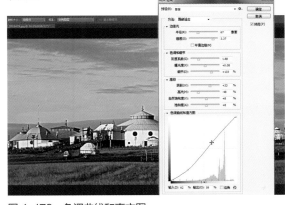

图 4-178　色调曲线和直方图

本例所有操作其实已经完成，这里说明文首提到的必须合并图层的问题。其本质就是无法保留原始照片，完成后只剩处理过的 HDR 图层了。其实也很好解决，这里就提供一个特殊的技巧。前提是完成所有操作后，图层只有一个处理成 HDR 后的图层，按 Ctrl+A 组合键全选图层，然后按 Ctrl+C 组合键复制，这时完成的 HDR 图层就被保存到系统剪贴板中了。

图 4-179　全选并复制 HDR 图层

最后按 Ctrl+V 组合键粘贴，将剪贴板中的 HDR 图层再粘贴回来。可以看到现在"图层"面板只有两层了，上面为 HDR 图层，下面为原始照片图层，接下来就可以添加蒙版进行融合等操作了。

执行"窗口 > 历史记录"调出"历史记录"面板。单击最上面的原始照片的缩览图，回到照片最开始的状态。

图 4-180　返回原始照片

图 4-181　将剪贴板中的 HDR 图层粘贴回来

4.2.8 软件防抖与模糊恢复

因手抖产生的模糊对于照片来说几乎是致命的，不管照片构图或颜色多么精彩，瞬间就有可能被摄影师当废片弃之。而 Photoshop 的防抖功能在坊间传说了很久，终于浮出水面。究竟效果如何？本篇就来尝试一下。（注：该功能仅适用于 Photoshop CC）

图 4-182　原图有轻微模糊
摄影：李智

图 4-183　局部防抖后的清晰效果

核心技巧

A：防抖功能并不能解决抖动产生的严重模糊，以及失焦产生的模糊。
B：防抖参数之间的平衡很重要，是要更强烈还是更自然的效果需要操作者拿捏。

长焦镜头抓拍动物会有一定难度，因手抖使照片变虚可以理解。这张照片就是这种情况，但只有放大后才会发现白狗的面部会有些"肉"。为了以后修补起来方便，按 Ctrl+J 组合键复制背景图层备用。

执行菜单"滤镜 > 锐化 > 防抖"。因为防抖功能的本质其实也算一种锐化，因此被分到这个命令组里。进入"防抖"对话框中，程序会自动扫描照片，接着画面就瞬间清晰明朗了，无需任何设置。

图 4-184　原图复制一份备份

图 4-185　"防抖"对话框

因为程序扫描画面，并自动预设了模糊临摹边界的值。软件的判定一般比较准确，也就是说如果没有更精细的要求，本例到此就可以结束了。可以比较照片防抖执行之前和之后的效果，特别是面部差别明显。

图 4-186-A　原图未使用防抖的局部

图 4-186-B　使用防抖后的局部

操作当然不可能就此结束，人们总是有更高的要求，比如更加精细或更个性化的选择。对话框的右侧区域就提供了满足人们需求的功能。其中主要的设置就是"模糊描摹边界"，用来以像素为单位指定模糊描摹的最大边界。

其实它执行的效果更接近于改变锐化的程度，但其背后的算法大相径庭。它可以智能地推算拍摄时相机移动的大致轨迹、方向和停留的时间，然后通过反向操作进行还原。另外还有其他三个选项，主要用来完善和平衡防抖的效果，消减锐化过程中产生的副作用，如减少杂色、抑制伪像、减轻锐化过度等。

图 4-187　模糊描摹设置

在这些参数设置的下半部有一个隐藏的"高级"面板，展开后画面上会发现一个取样框，称为模糊评估区域。这是软件判定应该取样的主要区域，因为如果对整个照片取样，显然会消耗大量的系统资源。如果认为机器评估的结果不够精准，也可自行设置取样区域，该框是可以移动和缩放的。

图 4-188　模糊评估区域

取样范围可以设置多个，高级部分会显示模糊评估区域的预览图，可以勾选选框来指定一个或多个取样区域。

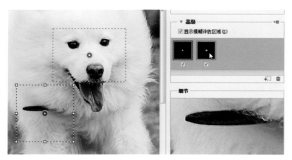

图 4-189　使用多个模糊评估区域

下面的细节预览其实是画面的放大状态，可以通过左下角的 5×、1× 等来控制放大比例。在其左下角有一个"在放大镜位置处增强"图标，单击后模糊评估区域会自动跳转到放大镜所显示的区域进行取样。

图 4-190　在放大镜位置处增强

确认后，如果局部有些区域锐化程度太大了，可以通过备份的背景图层恢复。比如我认为舌头的锐化程度太多了，就可以添加一个"图层蒙版"，设置前景色为黑色，选择"画笔工具"，设置较低的不透明度，在白色蒙版上涂抹以减轻锐化的效果。

图 4-191　减弱过分清晰的区域

经过多张照片的测试，防抖功能的效果还是不错的。但它只适合恢复微抖动所带来的模糊，非常严重的模糊当然也会有效果，但同时也会给画面带来大量的噪点和严重的失真。另外，失焦的那种模糊是无法恢复的。因此平时的严谨拍摄必不可少，后期处理的恢复只是不得已而为之，绝不能成为随意拍摄的借口。

4.2.9 不破坏色彩的 LAB 锐化法

通常直接使用基本的锐化手法也能达到清晰照片的效果。但为了更好地避免锐化时产生的色晕和杂色，专业摄影师们一直在追求更细腻完美的锐化方法。Lab 明度通道锐化法就是不错的选择，它会让锐化过的照片看起来更加自然，被强化的边沿色彩也不至于遭到破坏。

图 4-192　未锐化过的原图　摄影：刘连争

图 4-193　锐化过的局部放大图

核心技巧

A：锐化甚至防抖功能，对于失焦的照片至今都没有很完美的解决方案。因此在拍摄时尽量借助于三脚架或其他支撑点，保证照片不失焦才是硬道理。

B：锐化是把"双刃剑"，不管多先进的锐化方法，最重要的是把握好程度。过度的锐化并不是让照片更清晰，而是充满了难看的杂色和生硬的边沿。

直接打开照片后，照片默认是在 RGB 模式下。执行命令"窗口 > 通道"转到"通道"面板，可以看到 RGB 模式有 4 个通道，除了"RGB 复合通道"外，其他 3 个分别代表"红""绿""蓝"通道。每个颜色通道呈现为单色灰度图，在该模式下，颜色和明度数据是在一起的，也就是说锐化不但影响明度，还会影响到颜色。

图 4-194　在通道调板查看 RGB 通道

当然理想的锐化最好只强化明暗，不影响颜色。Lab 模式就是个不错的选择，执行菜单"图像 > 模式 >Lab 颜色"将模式转换为 Lab 颜色。

图 4-195　将模式转换为 Lab 颜色

如"通道"面板未打开，可执行命令"窗口 > 通道"转到"通道"面板。在通道面板中你会发现和之前的 RGB 通道有所区别。除了"Lab 复合通道"外，分别有"明度""a 通道"和"b 通道"三个通道。其中"a 通道"和"b 通道"用来保存绿、洋红、蓝、黄等彩色数据。

图 4-196　在通道调板查看 Lab 通道

而"明度"通道只用黑白灰表示明暗变化，并不存在颜色信息，正是锐化最佳的选择状态。单击"明度"通道这一行（不是点前面的眼睛图标），画面将变成黑白状态。在这里锐化等于将细节从颜色信息中分离出来，从而不影响颜色，以避免普通锐化方法带来的色晕和杂色问题。

图 4-197　选择 Lab 的明度通道

在之前的教学中，这一步通常使用 USM 锐化来实现。该滤镜主要是通过增强图像边沿的对比度进行锐化，锐化值较大容易产生不和谐的边沿。

而近期的版本中，智能锐化的效果已经被广泛认可，该滤镜改进了新的算法，对色晕的避免也有提升，另外还具有移去模糊和单独控制阴影高光区域的能力，因此这里使用智能锐化。执行菜单"滤镜 > 锐化 > 智能锐化"进入"智能锐化"对话框。

最重要的"数量"是指锐化的程度，值越大，像素边沿的对比度越强，看起来就越清晰。"半径"决定边沿像素受锐化影响的范围，半径越大，受影响的边沿就越宽。"减少杂色"可解决锐化程度过大时的杂色堆积问题。

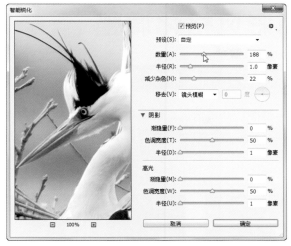

图 4-198　对照片进行智能锐化

智能锐化的左侧提供非常实用的效果预览框。通常像锐化这种操作都该将画面放大到100% 预览细节才有最真实的表现。在预览图上按住鼠标左键不放，即暂时回到锐化前的状态，松开则恢复锐化后的效果。可以不断通过这一按一松来对比前后的差异，单击"确定"按钮后即完成锐化。

图 4-199-A　锐化前的局部画面　　　图 4-199-B　锐化后的局部画面

不必再回到 Lab 的复合通道，可直接返回 RGB 模式。执行菜单"图像 > 模式 >RGB 颜色"，锐化后的照片也会随之从黑白色恢复到正常状态。

图 4-200　返回 RGB 颜色模式

4.3 色彩风格化调整

4.3.1 随机分布元素的颜色替换

先使用"色彩范围"获得选区，而后由"色相／饱和度"改变颜色。"替换颜色"的调整功能其实是将这两部分功能合二为一。与普通划分区域的方式有所不同，它更容易获得在形状上没有规律，甚至随机分布，但颜色特征明显的元素。

图 4-201　蓝色花朵随机分布

图 4-202　快速改变后的花朵颜色

核心技巧

可将"替换颜色"命令和"色彩范围"和"色相／饱和度"归为一组学习。

执行"图像 > 调整 > 替换颜色"进入"替换颜色"对话框。可观察到对话框分为选区和替换两部分，作用正如刚刚所阐述的那样。首先，用"吸管工具"在画面中的蓝色花朵处单击。当然，在对话框黑白预览的相应位置单击也可以。选取的花朵应该是具有代表性的蓝色，太深太浅都是不合适的。

图 4-203　吸取要替换的颜色

对话框的上半部分有的三个吸管，分别是"吸管工具" ——吸取想要替换的颜色；"添加到取样" ——加入少选的颜色；"从取样中减去" ——将选多的颜色减掉。使用它们可以在黑白预览图上把需要的花朵添加进来，把枝叶减选下去。在此过程中，可用颜色容差的大小来加以辅助，容差是指颜色近似的范围，是严格苛刻的界限，还是比较宽松地纳入更多接近主色的色彩。

图 4-205-B　浅色花瓣上残留的蓝色已去除

将范围确定好后，就可以正式替换颜色了。通过对话框下半部分的"色相""饱和度"和"明度"三项，分别改变花朵的基本颜色、鲜艳程度和明暗程度。

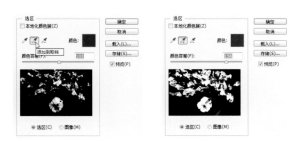

图 4-204　加选和减选颜色范围，并控制容差

此时，已可尝试改变花朵的颜色了。当蓝色改变色相至紫红色后，会发现效果非常明显，但也并不完美。一些花朵残留了不少蓝色元素。一方面可以改变颜色容差，以精准地确定换色范围，另一方面可以选中"本地化颜色簇"，聚集选中的区域，并把不连续的枝叶隔离。与颜色容差配合，可进一步消除花朵上残留的蓝色。

图 4-206　替换所选颜色的"色相"

替换并非天马行空，而是有一定的原则，以减少画面突兀感。比如尽量使用在色相环上相邻或近似的颜色，尽量符合自然界的逻辑，比如花一般不会是绿色的等。

图 4-205-A　注意上半部分浅色花瓣上残留的蓝色

图 4-207　替换所选颜色的"明度"

如果基本完成后的花朵边沿依然有蓝色残留，可再次执行"图像 > 调色 > 替换颜色"。用吸管吸取边缘的蓝色，再用颜色容差来约束范围。然后改变其"色相""饱和度"和"明度"，以求和其他颜色更加融合。

图 4-208　替换残留的边沿蓝色

4.3.2 蒙版分区域调色技巧

我个人比较推荐基于调整图层的调色手法，特别是针对一些细致调整或需要多次修正的复杂项目。主要是因为调整图层有诸多优势，比如自带蒙版可实现分区域调整，可将多层效果叠加，可随时返回修改，不损伤原始照片等。这使得整个调整过程更自由、灵活和安全。

图 4-209　蓝天白云下的妈祖塑像

图 4-210　分别调整塑像和蓝天

核心技巧

A: 刻意地"偷懒"是增强软件使用水平的诀窍。同样的结果，尽量使用技巧解决是值得推崇的，比如现有的资源重复利用。

B: 不但要"偷现在的懒"，还要"偷未来的懒"，比如善用调整图层就为以后修改提供了便利。

本例希望达到的效果是在妈祖塑像的身上添加一层淡淡的类似阳光的暖色，而塑像背后的天空变得更蓝，玉带状的白云更加明显。首先，在工具箱中选择"快速选择工具"，在塑像上单击，因为前景和背景的反差相对明显，选择过程不会有什么阻碍。

图 4-211　用快速选择工具选取塑像

当然了，"快速选择工具"毕竟属于智能选择类工具。这类工具的特点多半都是选择过程神奇高效，但所选区域细节不够精细。因此可以放大照片，对选择细节进行完善，通常会使用到添加或从选区中减去等功能。

图 4-212　对选择细节进行完善

单击选项栏上的"调整边缘"按钮。在"调整边缘"对话框中，视图显示方式选择"叠加"，背景会呈现淡红色，这一步操作主要依据个人偏好，也可选择其他的查看方式。在对话框的中部，少量增加平滑和羽化值，这是为了让选择后的边沿更平滑柔和。在对话框的底部，将输出到设为"选区"，这样做的好处是直接将改善过的效果更新到原始的选区中，最后单击"确定"按钮。

图 4-213　在"调整边缘"对话框设置平滑和羽化

基于当前的选区，添加调整图层。方法是在"图层"面板的底部单击"创建新的填充或调整图层"按钮，在弹出的菜单中选择"曲线"，即添加一个调整图层。

图 4-214　添加曲线调整图层

可以看到在照片图层的上方，出现了一个"曲线"调整图层。调整图层的蒙版已黑白分明的框定了塑像的轮廓，初始的图层蒙版以黑色覆盖未选中的区域，这都是提前建立选区的结果。在"曲线"的属性面板中，先为照片确定基本的黑白场，设置后的高光和阴影会适当地重新分布中间调像素，塑像的对比度和立体感加强了。

图 4-215　设置照片的黑白场

接着我希望塑像被阳光照射，有一种暖暖的感觉。具体实现起来，就是在塑像上增加黄色和红色的成分。在"曲线"属性面板，如果要增加黄色需切换到蓝色通道，因为两者是补色。减少蓝色即为添加黄色，所以将曲线向下拖曳即可。但调整尺度要求非常小，因此正确的方法是先在曲线中间添加一个控制点，不要用鼠标拖曳，而是利用方向键，向下向右按两到三下即可。

图 4-216　为塑像添加少许黄色

然后再切换到红色通道，同样是只增加少许的红色。先在曲线中间添加一个控制点，同样不要用鼠标拖曳，利用方向键，向上向左按两到三下即可。这一操作实际上减少了青色而增加了红色。可以想象那淡淡的一层暖色，似有似无地在塑像上，不要真的使塑像有巨大的颜色改变。

图 4-217　在红通道添加少许红色

接下来是调整蓝天白云的色彩，在图层面板的底部单击"创建新的填充或调整图层"按钮，在弹出的菜单中选择"曲线"添加一个调整图层。可以看到在之前调整图层的上方，

又出现了一个新的曲线调整图层。在"曲线"属性面板中，针对蓝天进行调整，调整后的曲线基本上是一个 S 形。大方向就是压暗天空，增加天空的对比度，使蓝天更蓝，白云更白。因为调整图层的效果是叠加的，所以塑像调整过度了，这个可以视而不见，因为还没有编辑该调整层的蒙版。

图 4-218　针对蓝天白云的调整

保留天空的调整效果，而把塑像隔离出来，就需要编辑蒙版。重新建立一个选区显然并不是明智的选择，最好是利用现在已有的蒙版进行转换。现有的是两个蒙版，第一个属于调整塑像的图层，第二个属于调整天空的图层。先选择之前调整塑像这层的蒙版，按住 Alt 键的同时，按下鼠标左键将该蒙版拖曳到调整天空图层的空白蒙版上，完成蒙版的复制。复制过程中如出现黑白双箭头的指示，就说明操作是正确的。

图 4-219　复制蒙版的过程

松开鼠标和快捷键后，出现一个提示信息，询问是否替换图层蒙版。单击"是"按钮。对于这个操作不必有所顾虑，因为要替换的本身就是一个空白的蒙版，不会有任何损失。

复制的蒙版当然也不能直接使用，因为原来的蒙版是用来屏蔽蓝天的。因此复制过来的新蒙版需要按 Ctrl+I 组合键进行反相操作，改成用来屏蔽塑像。这样利用已建立的蒙版来产生新蒙版的方法有不少好处，比如减少了重新建立选区的时间，另外和之前的蒙版一定严丝合缝。

图 4-220　询问是否要替换图层蒙版

图 4-221　注意两个调整层的蒙版正好相反

4.3.3 局部保留色彩以突出主体

布达格入夜前的一段时间，华灯初上。匆匆路过街边的一面橱窗，里面的模特和灯光吸引了我。特别是最近这半年，我越来越喜欢使用小相机。因为机动灵活，可以随手拍下曾经路过的故事。这张照片里，顾客和店员使画面有些杂乱了，我希望淡化一些，从而更突出主体。

图 4-222　画面人物多杂乱

图 4-223　局部模糊压暗并保留色彩

核心技巧

同一种效果，在软件中会有多种制作方法。但通常善用比较新的方式会事半功倍、结构更加便于修改，效率也会更高。

保留主体为彩色，其他转换为黑白或单色，这样的效果有很多的变种和花样，也有不同的玩法。这里介绍一种，利用渐变去除并压暗一部分颜色，保留局部的彩色，并将黑白改为淡黄的色调，以营造一种怀旧的感觉。

首先因为要对画面进行一些破坏性的操作，为了不伤损原图，这里复制背景层为"图层 1"作为备份，快捷键为 Ctrl+J。

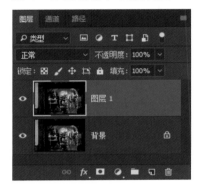

图 4-224　复制新图层作为备份

在这张照片中，顾客和店员使画面有些杂乱了，我希望先把画面的左侧模糊掉。在工具箱中选择矩形选框工具，选择左侧大约超过三分之二的区域。只是有个大概区域即可，不必太精准，后面再用其他方法融合。绘制区域的右下角会显示所绘制选区的尺寸，也可以参考我绘制的数值。

图 4-225　选择左侧超过三分之二的区域

在绘制的选区上单击鼠标右键，在出现的菜单中选择"羽化"命令。这要比直接在主菜单中选择方便一些。

图 4-226　右键菜单中选择羽化命令

在出现的"羽化选区"对话框中输入羽化半径为 138 像素。你会发现这个值特别大，原因之一是我使用了高像素的图片，原因之二是我希望产生非常平滑的边缘过渡。

图 4-227　设置羽化半径

执行菜单"滤镜＞模糊＞动感模糊"。除了产生动态的效果外，我之所以选择这种模糊形式，主要是它更容易使用较小的模糊量，达到打乱原画面组成结构的效果。

图 4-228　执行"动感模糊"命令

进入动感模糊滤镜的对话框，因为模糊是平行的，所以角度保持为 0。距离设置为 50 像素，距离设得越大越模糊。对话框中间的预览区域单击一下为原图，松开为当前设置的效果。

图 4-229　设置动感模糊的距离

单击图层调板底部的"创建新的填充或调整图层"◯按钮,在出现的菜单中选择"黑白..."项。这将建立一个黑白调整图层,该调整图层自带蒙版。这样一来,整个画面就会覆盖一层黑白色。

图 4-230　设置黑白调整图层

接下来只保留模特的颜色,其他的部分为黑白。在工具箱中选择渐变工具▊,在左上角选择渐变样式为"前景色到背景色渐变"。

图 4-231　选择"前景色到背景色渐变"

确定当前选择的位置是在黑白调整图层自动生成的蒙版上。在画面上,按住 Shift 键不松,约束绘制时的平直。然后使用鼠标拖曳出一条线段,这样画面的三分之二区域保留为黑白,其他区域为彩色,中间有柔和的过渡。

图 4-232　在黑白的蒙版上绘制渐变

在黑白属性的上部,可以看到非常明显的"色调"复选框。勾选它可以为黑白添加色调,默认就是比较怀旧的淡黄色。如果认为这样的淡黄色依然太过鲜艳,则可单击"色调"后面的小色块,弹出拾色器。

图 4-233　选择黑白的色调颜色

在拾色器中，将色调往旁边偏移即可，这里选择的是更淡雅的黄色调。当然了，也不一定必须是黄色，也可以选择其他颜色，不过往往都是淡雅一点更好看，太鲜艳的颜色比较少用。

图4-234　在拾色器中选择色调颜色

我对左侧三分之二的区域做了模糊和黑白处理，但我认为最好还是压暗一些能更突出彩色部分的主体。因为针对的还是原来的区域，所以可以直接把刚才添加渐变的选区调出来。方法是在黑白调整层自带的蒙版上，按住 Ctrl 键的同时单击，把该蒙版转换为选区。

图4-235　将蒙版转换为选区

选区已经调出，单击图层调板底部的"创建新的填充或调整图层"▢按钮，在出现的菜单中选择"曲线 ..."项。这将建立一个曲线调整图层，该调整图层自带蒙版。

图4-236　添加一个曲线调整图层

在曲线面板，将曲线向下拖曳，以达到压暗画面的作用。因为有选区的约束，所以曲线只会压暗左侧三分之二的区域。

图4-237　使用曲线压暗局部画面

在结束本例之前，需要微调单色和彩色两部分的比例，因为并不是每次都可以把蒙版渐变拉得非常完美的。幸亏这里有一个非常好的技巧，就是对蒙版中的渐变进行变换拉伸。方法很简单，选择该蒙版，然后按 Ctrl+T 组合键，周围出现变换控件。可以分别选择上下两个蒙版，对其过渡进行微调，直到满意为止。

图 4-238　用变换工具调整蒙版

4.3.4 解决绿色这个大难题

大多数色彩都是比较直观的，比如让蓝天更蓝，就控制蓝色的"饱和度"和"明度"，一切都很直白。那什么是风光调色中最难控制的颜色？从实践中感知，绿色经常让人感到无所适从。

图 4-239　摄影师：薛峰

图 4-240　处理后，成功为树木添加绿色

核心技巧

A：经验和理论不同，需要大量的实践来寻找真正能影响色彩的参数。

B：了解绿色的成分不完全是绿色，并熟悉补色的知识，在调色时灵活运用。

最苦闷的事情，不是反应大或者反应小，而是不管你怎么操作，画面都没有任何反应。这形容对绿色的调整再合适不过了。做个最直观的试验吧，执行菜单"图像 > 调整 > 色相 / 饱和度"并切换至绿色通道，单独调整绿色的饱和度。我调整的幅度很大，但是树叶几乎没有任何反应。也可以尝试其他的方式，结果均反馈不佳。

图 4-241　尝试调整绿色的饱和度

调整绿色的秘密一句话就可以说清楚。因为很多画面中呈现的绿色蕴藏了大量的黄色成分。说得再直白些，就是我们眼睛看到的很多所谓的绿色，电脑却认为是黄色。在"图层"面板下单击"创建新的填充或调整图层"  按钮，在菜单中选择"可选颜色"。

图 4-242　使用可选颜色调整图层

"图层"面板出现一个自带蒙版的调整图层，并出现可选颜色的"属性"面板。在"属性"面板选择黄色，注意不是绿色。

图 4-243　在可选颜色属性中设置黄色

虽然选的是黄色，但本质上调整的还是画面中的绿色，只有减少绿色的补色，才能增加绿色。绿色的补色是洋红色，将洋红设为 -100，可以看到树木的颜色明显发生了改变。

图 4-244　减少洋红色等于增加绿色

可以控制绿色的还有上面的青色控件，用来选择要用哪种绿色。按住鼠标左键向右滑动可调出"碧绿"色，向左滑动可调出"草绿"色。完成后，会发现调整是有瑕疵的。绿色是针对整个画面的改变，不需要绿色的区域也被盖上了一层绿色。

图 4-245　选择需要哪种绿色

当然只保留树叶为调整目标，因此选择可选颜色调整图层自带的白色蒙版，将该蒙版填充为黑色，黑色的意思是完全隐藏该调整图层。

图 4-246　用黑色填充蒙版

选择"画笔工具"，调整大小为较大的尺寸，如 700 像素，硬度为 0%。这样会产生一个柔和边缘的大画笔，便于绘制时与画面周围景物融合得更自然。

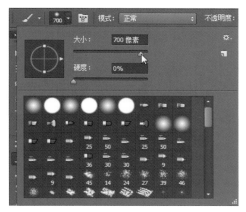

图 4-247　设置画笔大小和硬度

选择前景色为白色，用白色在蒙版中擦拭可显示下层画面内容。在可选颜色调整图层的黑色蒙版上，用白色涂抹树叶的部分。可以看到只有树叶上的绿色被恢复，其他的色彩都保持原样不变。

图 4-248　在树叶上涂抹

最后放大树叶部分以查看调色结果。很显然原本灰暗的树叶已经被增加了非常自然的绿色。之前我们提到很多绿色其实由黄色组成的，这并不是说完全没有绿色，照片不同也不尽相同。因此遇到该类问题，可以首先尝试调整黄色，同时兼顾绿色，最后把不要的部分用蒙版涂抹掉。

图 4-249　完成后的绿树

4.3.5 自由控制黑白照片层次与反差

转换黑白照片的方法很多，有些非常简单，简单到趋于简陋，没有任何能够控制的选项，以至于无法表达摄影师的个性和偏好。而有些却过于繁琐和抽象，需要有较深的 Photoshop 基础才能很好地掌握，将众多初学者拒之门外。直到这款名为"黑白"的工具出现，才达到了简易和操控的平衡。

图 4-250　彩色原图　摄影师：苍士杰

图 4-251　黑白处理后的结果

核心技巧

A：一些调整图层属性的左上角都有一个带双箭头的小手图标，单击该图标后在画面中拖曳，看看有什么惊喜。

B：当同一张照片中不同的元素拥有同一色彩时，比如蓝天和蓝花，建议使用蒙版将其分开调整。

通常我建议使用"调整图层"来控制黑白，这样具有更大的灵活性。确认"图层"面板已打开，如果没有，可按 F7 键调出该面板。在"图层"面板的底部，单击"创建新的填充或调整图层" 按钮，在弹出的菜单中选择"黑白"命令。

"图层"面板随之多了一个自带蒙版的黑白调整图层，"属性"面板也变为了黑白的参数设置，照片基本的黑白转换也完成了。但这样的黑白效果看起来有些过于平淡，没有层次、缺少亮点。

图 4-252　单击创建新的填充或调整图层

图 4-253　完成了基本的黑白转换

还记得地面上大片的花海吗？有红有紫有蓝，为什么不让它们从平淡的地面上再次"长"出来呢？在黑白属性面板，可以看到红、黄、绿等各色滑块，比如按住鼠标左键向右拖曳红色滑块，可以看到一部分包含红色元素的花已经在画面中凸显出来。

图 4-254　将包含红色的花提亮

同样的道理，如果希望让地面上蓝色的花也凸显出来，只需按住鼠标左键向右拖曳蓝色的滑块即可。当然如果地面上的白色太多，也会显得过于繁杂，因此这里只是展示一下，并不需要凸显如此多的花朵。另外，蓝色不但是地面上花朵的颜色，其实也包括天空的色彩，这一点软件是不能直接分辨出来的。如果想分别调整蓝色的花或者天空，就需要用蒙版来隔离，比如要压暗天空亮度之类的操作。

图 4-255　控制画面中的蓝色

另外，当转换为黑白后，你并不能记起画面中的所有颜色。当不知道某个对象是什么颜色时，如何调整呢？在"黑白属性"面板的左上角，有一个带左右箭头的"小手"按钮。选择该按钮后，即可在画面中需要调整的位置拖动，而无需知道该处是什么颜色。

图 4-256　红圈标识了我拖动的位置

使用黑白调整图层解决主要问题后，如果觉得反差、对比还不够大。可以考虑再新建一个"曲线"图层，进一步改善黑白照片的层次。调整图层的一项优势就是可以多层叠加，达到非常自由的多调整层复合的效果。

图 4-257　叠加曲线调整层以增加反差

另外，如果不用调整图层的"黑白"命令，可执行"图像 > 调整 > 黑白"命令将"黑白"命令调出，当然它会直接将黑白效果应用在照片上，而不是在上面叠加一个调整层。

特别提出的是识别不确定颜色的技巧。在希望调整的位置上多次单击，可以看到对话框调整数值前的彩色小方块不断加框"闪烁"，"闪烁"的颜色即为当前要调整的颜色。当然，也可以在需要调整的位置拖曳鼠标达到调整的效果。

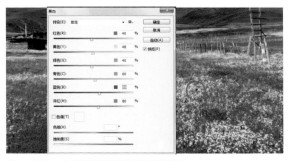

图 4-258　红圈标识了鼠标拖动的位置

4.3.6 将颜色分离以单独调整

本例讲述 JPEG 格式照片的分色调整，使用的主要工具是可选颜色。这是调整颜色最常用的工具之一，本身具有很多不可替代的优势，比如具有直接调整黑白灰中性色的选项，结构不像色相 / 饱和度一样容易溢出等。

图 4-259　原图的部分颜色可以改进　摄影：薛峰

图 4-260　改进后的颜色效果

核心技巧

A：熟悉互补色的对应关系对使用好可选颜色工具非常有益。找一个标准色轮图表来参考会较有帮助。

B：可选颜色或类似的调整工具都是通过颜色之间的差别来分离局部进行调整的。如果颜色和颜色之间的差别不大，就容易混淆。在这种情况下就需要使用单独的调整层和蒙版来硬性分隔。

确定已打开"图层"面板，如果该面板不在界面中显示，可按 F7 键打开。在该面板的底部单击"创建新的填充或调整图层" ![按钮] 按钮，在弹出的菜单中选择"曲线"。

图 4-261　创建新的曲线调整图层

使用曲线调整图层的目的是改善基本的曝光。在"图层"面板中原照片的上方会出现一个"曲线调整"图层，同时打开"曲线属性"面板，在这里无需大幅度地调整，只设置照片的黑白场，可以看到照片的对比度有所改善。

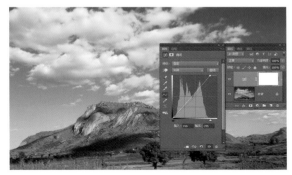

图4-262　用曲线设置照片的黑白场

在"图层"面板的底部单击"创建新的填充或调整图层" 按钮，从弹出的菜单中选择"可选颜色"命令。该命令可以对照片中限定颜色区域的四色油墨进行调整，但并不影响其他颜色，也就是非限定颜色区域的色彩。

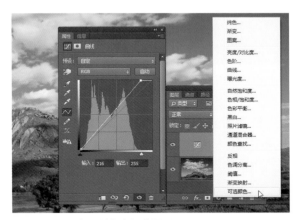

图4-263　添加可选颜色调整图层

这时在"图层"面板中又新叠加了一层可选颜色调整图层，并同时打开"可选颜色属性"面板。从列表中可以看到，可以调整的颜色共有9种，包括RGB三色、CMYK四色，以及黑白灰（中性色）。首先调整天空的颜色，也

许你会感觉到蓝天看起来颜色很灰暗不够通透。因此先在可选颜色的颜色分量列表中选择蓝色。

图4-264　选择蓝色准备调整

导致蓝色灰暗不够通透的原因有很多，比如空气质量本身不够好、白平衡设置的偏暖、中灰镜应用不当等。但总而言之可以减少蓝色当中的黄色成分来解决这个问题，具体操作是向左拖曳黄色滑块。另外，黄色和蓝色是补色，减少黄色相当于增加蓝色。

图4-265　将黄色滑块向左拖曳

如果希望蓝色更蓝，可以将最下面的黑色滑块向右拖曳。向左拖动滑块减淡色彩，向右拖动则加深色彩。

图4-266　调整黑色滑块以加深天空蓝色

对于大部分照片来说，能够控制蓝天颜色的，除了蓝色，还有青色。比如该图蓝天的下半部分就呈现为青色，如果想改变或加重这部分的颜色，可以选择青色分量，同样是减少黄色并增加黑色的量。

图 4-267　改变天空下半部分的青色

天空整体效果的呈现并不只是蓝天的功劳，还需要有白云的衬托。在可选颜色命令中，可以很方便地选择调整白色。和蓝色混浊的原因基本类似，白云看起来并不纯净，很大原因是黄色的成分有些过高。减少画面中的一些黄色，白云马上变得纯净。再减少少许黑色，纯净的白云马上变得明亮。需要注意的是，黄色不要过多减少，大幅度减少会使颜色偏蓝。黑色也不要减多，减多白云就曝光过度了。为了避免曝光过度，也可以考虑用"颜色取样器" 🔲工具查看白色的值是否溢出。

图 4-268　使云朵更加纯净洁白

天空调整完成后，画面下方这座土山的颜色过于艳丽了。因此切换到黄色控制面板，减少部分黄色的量，或者增加补色蓝色以平衡黄色。修改后黄色的土山看起来平静沉稳了不少。

图 4-269　减少土山上的黄色

山上有一缕红色，我想强调一下。但红和黄的颜色太接近，如果直接在同一个调整图层中控制它们，势必容易互相影响。因此这里针对红色，新建第二个可选颜色调整图层，新建的调整图层会有一个独立的自带蒙版，有蒙版就能够硬性分离颜色。

图 4-270　再新建一个可选颜色调整图层

在新的"可选颜色属性"面板中，从颜色分量中选择红色，向左拖动青色。原因很简单，青色和红色为互补色，减少青色即为增强红色。

图 4-271　减少青色即为增强红色

如果觉得所得的红色不够沉稳,可以将黑色滑块向右拖动,加深之前的红色。当然了,青色和黑色滑块是互相配合的,可不断尝试两者的配比,在鲜艳和沉稳之间找到一个平衡点。

图4-272　使红色鲜艳并沉稳

可以明显感觉到,土山上的那一缕红色已经被加强了很多。但红和黄颜色比较接近,因此可以看到黄色部分也受到了影响。要想解决这个问题,就需要编辑蒙版,先选择该调整图层右侧的白色蒙版。

图4-273　选择调整图层右侧的白色蒙版

在工具箱中选择"画笔工具",然后在界面上方的选项栏上编辑画笔的大小和硬度值。数值并不固定,但特点是画笔笔尖大而柔软。

图4-274　设置画笔的大小和硬度

确定位于该调整层的蒙版之上,然后按Ctrl+I组合键将其反相为黑色,即暂时消除所有该调整层的效果。然后将前景色设为白色,在刚才加强红色的位置涂抹,可以看到加强过的红色已被恢复,周围的黄色也保持原样,并没有受到影响。这步操作的本质其实是使用白色的画笔在黑色的图层蒙版上涂抹,把部分调整效果显示出来。

图4-275　将调整过的红色恢复回来

最后,在"图层"面板的底部单击"创建新的填充或调整图层"按钮,在弹出的菜单中选择"自然饱和度"。为画面中颜色过于鲜艳的区域降低饱和度。通常调整照片以真实可信为准,过于艳丽往往会显得不真实,因此各种调整往往以轻微、适量为准。

图4-276　为过于鲜艳的色彩降些饱和度

4.3.7 解决白色文鸟羽毛偏色问题

　　拍摄这张照片时天色已晚，复杂的室内光线，还有阻隔视线的稠密的笼子。拍摄的对象是笼中几只纯白色的文鸟。当我导入电脑发现严重偏色时，也尝试手动调整，但总归没有绝对的标准，结果始终不能让自己满意。后来突然意识到鸟是白色的，可以通过校准中性色的手法来控制白平衡，尝试了一下效果果真不错，在这里分享给大家。

图 4-277　画面整体偏黄

图 4-278　文鸟恢复纯白色

核心技巧

　　利用易于辨识的中性色来消除偏色是非常好的技巧。该方法只提供一个良好的起点，如果不完美，还可以手动修正以达到最终的目标。

　　偏色的问题，有时候光靠人眼来分辨很不精确，结果的偏差经常是不自知的。要做到心中有数，可使用"颜色取样器工具" 和信息面板配合进行监控，通过数值来判断。在工具箱中选择"颜色取样器工具" ，在选项栏中确定样本大小。"取样点"用于精确读取单一像素值，其他选项用于读取像素区域的平均值。我通常会取一个平均值，比如 3×3 平均或 5×5 平均，因为平均值更具有代表性。

图 4-279　取样大小可选 5×5 平均

执行菜单"窗口 > 信息"调出"信息"面板。进行调整前，在白色文鸟身上移动"颜色取样器工具"，可在信息面板中查看鼠标指针所在位置的颜色值。正如你所知道的，RGB 颜色的三个分量均为 255 时，结果是纯白色。都是 0 时，结果是纯黑。而三个分量的值相等时，结果是中性灰度级。由在中性色（白色或灰色）的对象上取样的数值，可判断偏色的情况。

图 4-280　在信息调板中观察 RGB 的颜色值

如果对一个颜色取样的结果还不太放心，可以多设些取样点。正如这里设了三个取样点，直接单击会在画面上留下记号，"信息"面板上也会出现该点的 RGB 数值，如 #1、#2 等。"颜色取样器工具"最多可在照片上放置 4 个取样点。

图 4-281　取样点的 RGB 值在信息面板显示

现在添加一个"曲线"调整图层。之前都是通过"图层"面板底部的"创建新的填充或调整图层"按钮来添加。这次换一种方法，在调整面板中添加。执行菜单"窗口 > 调整"调出该面板，上面列出了常用调整工具的图标，移动鼠标指针到图标上会有文字提示。这里单击"创建新的曲线调整图层"按钮。

图 4-282　创建新的曲线调整图层

可以看到在照片图层的上方，出现了一个"曲线"调整图层。在已经打开的"曲线属性"面板的左侧，有三个吸管工具，作用分别是设置黑场、设置白场和设置灰场。

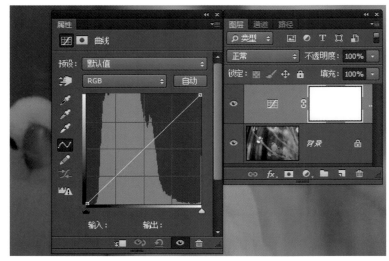

图 4-283　留意曲线属性左侧的三个吸管

在照片中解决偏色问题，先要确定画面中是否具有易于辨识的中性色对象。比如马路、白墙等，保证现实中一定是灰色或白色的元素。因为在拍摄照片时，灰色或白色的元素具有周围光线的色调，比如室内光线、闪光灯等。

然后当要消除不需要的色调时，选择吸管单击该区域，使元素校正为中性色，则照片整体色偏随之修正。这样的吸管在色阶或曲线中都有，可以利用一个或三个来达到目的，但最适合用于校正颜色的是设置灰场吸管。这里首先要双击居于中间的"在图像中取样以设置灰场"吸管工具。

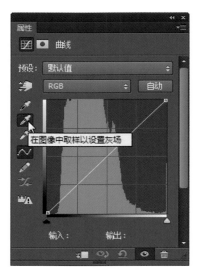

图 4-284　双击设置灰场吸管

双击灰场吸管后，出现"拾色器"。这一步是验证当前中间调是否具有相同的 RGB 值，怕在其他操作过程中更改过。可以看到这里 RGB 三个分量的值相等，如 128、128、128。

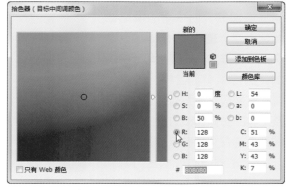

图 4-285　三个分量的 RGB 值相等

需要留意的是，校正颜色时，可以使用"信息"面板查看调整前和调整后像素的颜色值，由"/"分隔。可以看到刚才设定的取样点显示的两组颜色值，左栏为原始的颜色值，右栏为调整后的颜色值。当前因为还没开始调整，所以两组数值一样。原来设置了三个取样点，这时可以任意选择其中一个，选择设置灰场吸管用鼠标左键单击它，这里选择的是#2 取样点。

图 4-286　调整前后的颜色值用"/"分隔

该取样点是之前设定的中性色区域，单击灰场吸管后，即可复位中间调并从照片中移去色偏。从"信息"面板中可以观察到，#2 取样点的 RGB 值已经转变为相同的值 121、121、121，文鸟恢复纯白色。

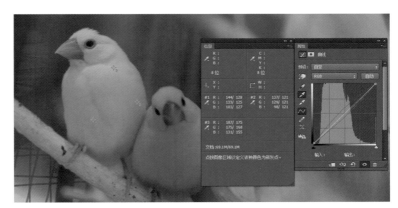

图 4-287　单击灰管后文鸟恢复纯白色

灰场吸管只是提供一个不错的开始，并非一劳永逸地解决所有问题。接下来在此基础上继续改进咱们的照片。先调整曲线提亮整张照片，并将暗调位置的曲线向下拖曳，达到增强对比度、压暗背景的效果。

图 4-288　增加前景亮度并压暗背景

如果文鸟的尖嘴和爪子能更鲜艳，将会进一步提升照片的效果。这里再叠加一层"色相/饱和度"调整图层。方法是在"图层"面板的底部单击"创建新的填充或调整图层" 按钮，在弹出的菜单中选择"色相/饱和度"。

图4-289　添加"色相/饱和度"调整图层

在"图层"面板中已叠加了新的"色相/饱和度"调整图层。在"色相/饱和度"属性面板的颜色选择列表中选择红色，将红色的饱和度提高到+8。照片中的红色部分已经改善，但并不影响照片中的其他颜色。

图4-290　只提高照片中红色的饱和度

背景中有比较明显的蓝色色偏，用这样的方法也可以将其消除。同样在"色相/饱和度"属性面板中的颜色选择列表中选择蓝色，将蓝色的饱和度降低至-25，可以看到背景的蓝色已消除。

图4-291　消除背景的蓝色

4.3.8 曲线排查法治愈照片偏色

使用查找中性色的方法可以解决一部分偏色问题，但你会发现这并不总是那么有效。比如有时很难确定画面中哪里才是中性色，位置选错了反而造成色调混乱。因此这里介绍利用曲线的颜色通道逐一排查的方法，虽然不够智能，但很通用。

图 4-292 原照偏色严重且红色溢出

图 4-293 纠正偏色并使塑像轮廓分明

核心技巧

A: 其实了解了互补色的关系，用什么工具倒不是很重要了。不光是曲线，色阶、色彩平衡等都可以用，能达到最终效果就行。

B: 遇到非常鲜艳的对象，如红或黄色的花朵，毛衣线等，直接拍摄往往细节尽失，颜色都"腻"到一起。有两种方法在拍摄前可以解决，一是用 RAW 格式文件拍摄，二是在照片风格中直接减饱和度。

坚持使用调整图层是个好习惯。在"图层"面板的最下方，单击"创建新的填充或调整图层"⬤按钮，在弹出的菜单中选择"曲线"命令。

图 4-294　选择曲线调整图层

摄影师都知道照片偏色一般都是偏黄、偏蓝，其他的情况相对要少些，因此在恢复时，颜色的优先级别是不同的。黄色和蓝色是互补色，也就意味着解决黄色色偏要调整蓝色通道，所以在解决偏色问题时，通常可倒序排查，按蓝、绿、红这个顺序，先在"曲线属性"面板选择蓝色通道。

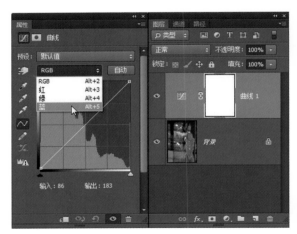

图 4-295　选择蓝色通道

进入蓝色通道后，可以看到直方图整体偏向左侧，蓝色在高光部分的分布缺失。按住鼠标左键拖曳曲线右上方的端点，将其对齐到直方图的波峰边缘，画面增加了蓝色并减少了黄色，这都是利用了互补色的原则。

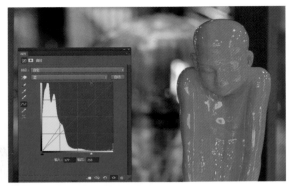

图 4-296　拖曳端点对齐波峰边缘

继续排查绿色通道，可以看到与蓝色通道有相似的问题，不过没那么严重。同样按住鼠标左键拖曳曲线右上方的端点，将其对齐直方图的波峰边沿，画面增加了绿色并减少了洋红色。

图 4-297　增加绿色

然后进入红色通道，该通道基本正常，但阴影部分有少许色彩缺失。按住鼠标左键拖曳曲线左下方的端点，将其对齐直方图的波峰边沿，暗部减少了红色，增加了青色含量。

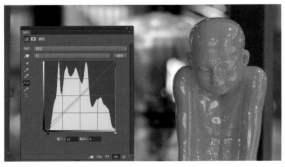

图 4-298　增加青色

回到 RGB 复合通道，提升中间调，降低暗调。这等于增加了照片的亮度和对比度，但都是非常少量的。在一般情况下，至此照片的色偏就基本消除了。

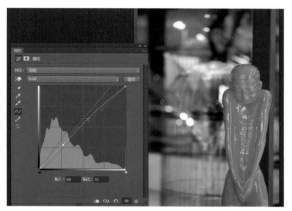

图 4-299　提升整体亮度和对比度

但如果还觉得有少许色偏的话，还可以进一步返回进行调整。这里我返回蓝色通道，按住鼠标左键拖曳中间调添加一些蓝色来抵消黄色。

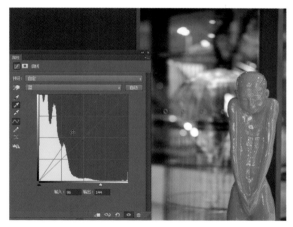

图 4-300　提升蓝色

另外，你可能会发现画面中塑像的颜色太过鲜红。相机在遇到这类极其鲜艳的红色或黄色对象时，往往会出现类似的情况。使对象鲜艳得完全没有细节，失去轮廓或者纹路，比如花朵、毛巾等。这里返回红色通道，大量下压以减少红色，可以看到塑像的轮廓比之前清晰了。但整个背景偏青绿色，这是因为产生了副作用。

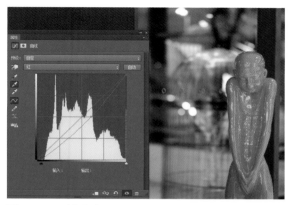

图 4-301　降低红色

去除这样的青绿色色偏很容易，进入绿色通道，将曲线下压即可。这时可以看到整体的色彩会比刚才更好一些，当然也更加偏冷了。

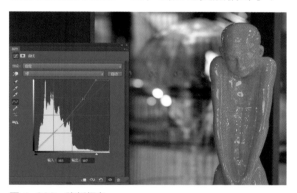

图 4-302　降低绿色

红色太鲜艳造成的塑像轮廓不清晰的问题被改善了一部分，但并没有真正得以解决。因此专门为此添加一个新的"色相 / 饱和度"调整图层，添加的方法不再赘述。在"色相 / 饱和度"属性面板中，将饱和度直接降低，可以看到塑像的轮廓马上分明了。

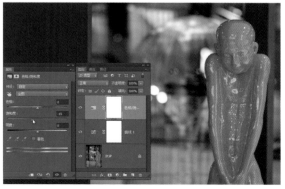

图 4-303　降低饱和使塑像轮廓分明

4.3.9 用调色与划痕制作怀旧老照片

制作一张怀旧风格的老照片需要注意具体特性的表现，比如细节的颗粒感、表面的不规则划痕、粗糙残损的边缘，以及褪色的岁月感等。这需要使用软件的多项功能来共同实现，但关键是寻找老照片的色调感觉。

图4-304　金秋收获的季节
摄影：尹建平

图4-305　完成后的老照片效果

核心技巧

不少初学者会误认为"画笔工具"没用，因为自己不会画画，其实需要澄清"画笔工具"有两点内容。首先，使用好画笔不见得非要画画，很大程度上是为了更好地编辑蒙版。其次，在Photoshop中画笔是个笼统的概念，不光画笔本身是画笔，橡皮、减淡、加深、图章等众多工具都是以画笔的形式来操作的。

首先复制出一个背景图层作为备份。选择这个新图层，执行菜单"滤镜 > 转换为智能滤镜"将该层转换为智能滤镜。转换为智能滤镜的好处是添加过的滤镜都能反复回到原对话框修改参数，并不损伤照片本身。而添加过的滤镜也都会以列表形式后缀于照片之下，避免遗忘。

执行菜单"滤镜 > 纹理 > 颗粒"命令，进入滤镜库。"颗粒滤镜"可以模拟不同种类的颗粒从而在照片中添加纹理。"强度"用来控制添加颗粒的数量和密度，"对比度"用来强化明暗反差。另外列表中有多种颗粒类型可供选择，这里选择"扩大"。

图4-306　复制图层并转换为智能
滤镜

图4-307
设置颗粒滤镜的参数

当前位置是在滤镜库，在右下角能够建立一个新滤镜。中间有一个滤镜列表，从刚才颗粒的旁边选择"纹理化滤镜"，这个新滤镜就被改为"纹理化"了。等于这时两个滤镜效果重叠在一起了，当然也可以在滤镜库中叠加更多的滤镜。

也可以用传统方法，执行菜单"滤镜 > 纹理 > 纹理化"命令进入"纹理化"对话框。这里的纹理要选择"画布"，其他均保持默认值。该步骤可以为照片添加如真正画布纹理般的材质细节，只有放大画面后，才能够清楚地表现出来。

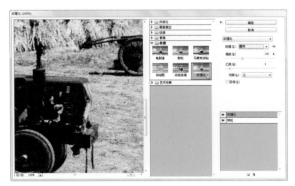

图4-308 设置纹理化滤镜参数

我拖曳进来了一张新的纹理素材，以使怀旧老照片上产生裂纹。这类素材其实很容易得到，甚至足不出户就可以在家里某个角落的墙面上发现类似的裂纹，将其拍摄下来，用色阶、滤镜之类的工具简化一下就可以了，这里先将素材的不透明度降低。

图4-309 合成新的裂纹素材

确保当前位置在裂纹素材图层，在图层面板的"混合模式"列表中选择"划分"。可以看到裂纹已经完全与照片融合在了一起，照片

上出现了白色的裂纹。

图4-310 选择混合模式为"划分"

在"图层"面板的底部，单击"创建新的填充或调整图层" ⊘ 按钮，在弹出的菜单中选择"色相/饱和度"命令，出现"色相/饱和度"属性面板。在"色相/饱和度"属性面板中，选择"着色"，这样整个照片将覆盖上单一的色调。拖曳色相滑块到你希望的颜色上，这里是偏黄褐色，然后将饱和度的值降低，使整个照片呈现淡淡的色彩。

图4-311 改变照片为单一色调

接着在工具箱中选择"套索工具" ⊘，在照片的边沿绘制一圈不规则的宽边选区，然后执行菜单"选择 > 反向"。接着执行菜单"选择 > 修改 > 羽化"，设置一个较大的羽化值。

图4-312
建立宽边选区

在"图层"面板的底部，单击"创建新的填充或调整图层" 按钮，在弹出的菜单中选择"曲线"命令，出现"曲线属性"面板。在"曲线属性"面板中的 RGB 复合通道中将曲线下压，照片边缘变暗。接着可以考虑在红色通道提升红色，在蓝色通道下压蓝色从而增加黄色，这样不但可以压暗边缘，也可以使周边色彩更浓郁。

图 4-313　压暗照片的边缘

为照片增加白边，类似真实的旧照片效果。确认当前的背景色为白色，或者在背景上添加一个白色的纯色填充图层。执行菜单"图像 > 画布大小"，勾选"相对"复选框，然后宽度和高度都设置相同的值。该值只适合此张照片，如果完成后的宽度不是你所希望的，可以修改成其他的值。

图 4-314　扩充画布以得到白边

在工具箱中选择"套索工具" ，在刚生成的白边上沿绘制一圈不规则的宽边选区，执行菜单"选择 > 反向"。接着执行菜单"选择 > 修改 > 羽化"设置一个适当的羽化值。

图 4-315　在白边上绘制不规则的选区

在"图层"面板的底部，单击"创建新的填充或调整图层" 按钮，在弹出的菜单中选择"纯色"命令，出现"拾色器"对话框，选择一种黄褐色。为照片的白边增加一圈黄褐色的目的是模拟纸张长期受潮变黄的效果。

图 4-316　为白边增加一圈黄褐色

至此为止，已经有了老照片的一些效果了。但这还不够，我希望再制作粗糙、残损的边沿，以及照片上的划痕，进一步将照片做旧。先选择文首转换成智能对象的那张源照片的副本，在"图层"面板的底部单击"添加图层蒙版" 按钮，为该图层添加一个白色的蒙版。

图 4-317　为图层添加白色的蒙版

执行菜单"窗口＞画笔"命令或按 F5 键调出"画笔"对话框。在列表中选择一种比较粗糙的画笔样式。如果现有的画笔样式不够丰富，也可以添加新的样式，或者从网上下载。添加样式的方法在其他章节中已经详述。

图 4-319　绘制残缺边缘和划痕

使用选择的粗糙画笔在照片的边缘进行绘制，使照片四周边沿参差不齐，呈现自然的残缺效果。然后缩小画笔的尺寸，在照片上随意地擦拭几下，产生一些粗细、方向、位置没有规律的划痕。

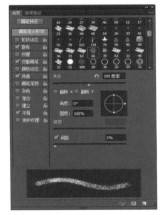

图 4-318　选择粗糙的画笔样式

那么画笔如何在照片上涂抹呢？看照片效果显然不够直观。确定位于刚才涂抹过的图层蒙版上，按住 Alt 键的同时单击该蒙版，可以看到黑白蒙版的放大图，这样可以非常清楚地了解在蒙版上绘制的笔触效果。

图 4-320　蒙版大图上显示的笔触效果

4.3.10 营造水墨画风格婺源月亮湾

本例通过一张正常的照片，对其加以调色、添加滤镜和文字修饰等处理，营造出水墨画风格的效果。在制作类似的效果前，照片的选材比较重要。因为水墨画是中国传统绘画，选材时多考虑山水花鸟、亭台楼阁，如果能找到更容易表现传统意境的素材就再好不过了。

图 4-321　婺源月亮湾　　摄影：孙先锋

图 4-322　水墨画风格的婺源月亮湾

核心技巧

　　使用智能滤镜时，非破坏性显得很重要。有时不光是怕损坏原始照片，也不止是方便修改，而是滤镜种类众多，智能滤镜会记录使用了哪些滤镜，设的参数值是多少。而一般情况下只得到结果，时间长了就什么也记不起来了。

　　首先复制出一个背景层作为备份。选择这个新图层，执行菜单"滤镜 > 转换为智能滤镜"将该层转换为智能滤镜。需要了解的是，智能滤镜和智能对象可以笼统地认为是一回事。而转换为智能滤镜的好处是添加到该层上的滤镜都能反复回到原对话框修改参数，并不损伤照片本身。

图 4-323　新背景层转换为智能滤镜

　　确认处于这个智能滤镜图层上，执行菜单"滤镜 > 画笔描边 > 喷溅"。该滤镜模拟喷枪受压力后冲破束缚向四外飞溅的感觉。"喷色半径"指影响的范围，"平滑度"指颗粒的细腻程度，滑块往左移动颗粒更小，居中比较粗糙，向右移动效果渐渐消失。本例都取居中的数值，让照片有画笔笔触绘制过的感觉。

图 4-324　设置喷溅滤镜的参数

　　执行菜单"滤镜 > 其他 > 最小值"进入"最小值"对话框。"半径"设为 1 像素，"保留"选择圆度而非方形。该滤镜有伸展黑色区域并收缩白色区域的效果，实际上会有在画面上添加大量如同墨汁般的"笔触"。半径要非常小，否则这样的"笔触"就太过明显。"保留"当然要选择圆度，因为运笔的痕迹总不会是方形的。需要注意的是圆度是 Photoshop CC 更新的特性，另外这里的半径值还可以输入小数，这也是一项改进。

图 4-325　设置最小值滤镜

　　执行菜单"滤镜 > 纹理 > 纹理化"进入"纹理化"对话框。这里的"纹理"要选择画布，其他均保持默认值即可。该步骤主要是希望模拟这幅画位于真正画布上的纹理感觉，当然只有放大后，才能看到材质的细节。

图 4-326　设置纹理化滤镜参数

在"图层"面板的底部，单击"创建新的填充或调整图层" 按钮，在弹出的菜单中选择"曲线"命令，出现"曲线属性"面板。在"曲线属性"面板中，提升照片的中间调使刚才比较昏暗的画面亮起来。

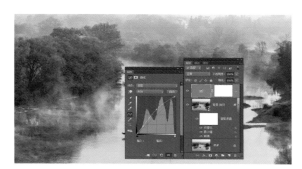

图 4-327　提升中间调已改善照片亮度

同样在"图层"面板的底部，单击"创建新的填充或调整图层" 按钮，在弹出的菜单中选择"色相/饱和度"命令，出现"色相/饱和度"属性面板。在"色相/饱和度"属性面板中，将"饱和度"的值降低，使整个照片呈现褪色的状态。

图 4-328　降低整个画面的饱和度

整个画面的颜色都褪色了显然没有亮点。因此在工具箱中选择"渐变工具" ，在界面上方的选项栏中选中"径向渐变"模式。在"色相/饱和度"调整图层所带的蒙版上擦拭出一个柔边圆形的渐变。这样画面中间的部分就可以保持原有的色彩，因为有渐变柔边，过渡也不会显得很突兀。

图 4-329　使画面中间区域保持原有色彩

为了和水墨画效果搭配，输入些文字来装饰，引用了一段老子的道德经。这些文字主要来搭配画面的，并没有具体的意义。在工具箱中选择"直排文字工具" ，模拟古文的书写方式，从右至左，从上至下。名称和正文可分别输入两层，这样比较方便排版。

图 4-330　输入装饰用的文字

为了使这些装饰文字显得更有朦胧意境。选择正文图层，然后添加一个图层蒙版。在工具箱中选择"渐变工具" ，在界面上方的选项栏中选择"径向渐变模式"，在该蒙版上擦拭出一个柔边圆形的渐变。这个圆形渐变的位置可以擦拭得偏一点，使文字段落有自然渐隐的效果。

图 4-331　使文字有自然渐隐效果

为了强化山水画的色调，又在所有的图层之上添加了一个"曲线调整"图层。该调整图层的效果会影响其下全部内容，包括文字等。在弹出的曲线属性面板中切换到蓝色通道，提升蓝色的中间调，使画面略微偏蓝。每个人都有不同的色调偏好，所以最后这一步并不是固定的，可按照自己的喜好倾向于自己期待的色调。

图 4-332　使整个画面偏向于蓝调

4.3.11 强化剪影与毛发轮廓光

原片的抓拍和动物造型都比较到位，可惜周围环境有些杂乱，笼子和布条清晰可见。如果直接出片，显然达不到"作品"的要求。加工成剪影其实是不错的选择，保留原有造型，隐藏不够简洁美观的环境。假设能给狗狗的长毛镶一圈金边轮廓光，就再好不过了。

图 4-333　调整前，环境有些杂乱
摄影：刘大健

图 4-334　调整后，剪影效果并镶上金边

核心技巧

针对原片，需要分两大步来为照片的指定区域添加色彩。
A：首先是使用通道、计算和滤镜等快速精准地得到所需选区。
B：添加三个曲线调整图层，分别对整体、选出的天空和轮廓调色。

例如，需要用到三个曲线调整图层。第一条曲线用来将整个照片亮度压暗形成剪影。第二条用来对天空部分进行上色并单独压暗。第三条针对边沿，只用来强调轮廓光的色彩。其中，第一条不需要选区，后两条曲线所需的选区利用 Alpha 通道来选出。

◆ 利用通道获取细致选区

先要取得的是天空部分的选区。查看红绿蓝三个通道，看哪个通道中，狗和天空的明暗反差最大。选择一个合适的通道做副本，为后面的操作打下良好的基础。将红色通道拖曳到"创建新通道" 按钮上，复制出一个"红 副本"通道。

图 4-335　复制出一个"红 副本"通道

执行"图像＞计算"。在"计算"对话框中，源 1 和源 2 都默认为"红 副本"。在"混合"下拉列表中，选择"混合模式"为亮光。

图 4-336　进行通道计算

选择亮光的目的，就是进一步加强天空和狗之间的对比。只有对比度足够强，天空才会被更完美地选出。该选项设置完成后，在预览效果中黑是黑，白是白，显然对比度被强化很多。当然每个案例所需的混合模式因图而异，也可按需要尝试其他的模式。

图 4-337　选择合适的混合模式

通道计算已为我们获得了较好的基础，但左下角还有一小部分区域不够精致，还有一些灰色在画面中。使用"椭圆选框工具" 选择该区域，准备调整局部。

图 4-338　选择局部区域

为了和周边融合得更好，选区调整后一定不能有突兀的边沿。因此，在选区上单击鼠标右键，在快捷菜单中选择"羽化"。

图 4-339　在右键菜单中选择"羽化"

羽化值可以设得较大，比如 22 像素，这样调整后选区的边沿会和周围过渡得更加平滑。

图 4-340　对局部区域进行适当羽化

执行"图像 > 调整 > 色阶"，在该面板中可以看到黑、白、灰三个滑块。将黑和白两个滑块向中间集中，将中间调灰滑块向右调整。这样做的目的是去除灰色，黑白更加分明，但要保证画面中的线条不断。因白色为选择区域，至此天空的 Alpha 通道已经完成备用。

图 4-341　对局部加强黑白反差

然后做轮廓光的选区。可在"通道"面板选择狗狗尾毛最长的部分，并将和天空反差较大的绿通道复制出一个副本。

图 4-342　复制绿通道为"绿 副本"

执行"滤镜 > 滤镜库"，在该面板中选择"风格化 > 照亮边缘"。这里介绍一下"滤镜库"面板，左侧为效果预览，中部为滤镜选择菜单，右侧为被选滤镜的详细设置选项。

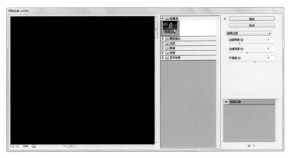

图 4-343　使用照亮边缘滤镜得到主体轮廓

在效果预览区域的下部菜单中，选择显示比例为 25%。否则系统默认为 100%，当照片太大时，只能查看到非常细微的局部效果。

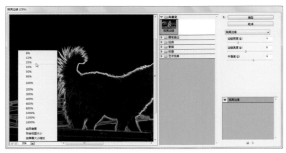

图 4-344　改变滤镜库的显示比例以更好的查看

"照亮边缘"的选项有三个，其中"边缘宽度"在这里具体指轮廓光的宽度，为了明显起见，这里设较大值为 10。"边缘亮度"在这里设到 12 时，需要的轮廓就已经接近纯白，已非常适合获取选区。"平滑度"为 6，其他值基本不动，否则白色区域会被截断。

图 4-345　设置参数以强化轮廓的宽度和亮度等

照亮边缘滤镜执行后，"绿副本"的状态基本达到了期待的结果。只是有大量灰色需要去除，因为只需要保留轮廓光的白色选区。

图 4-346　执行照亮边缘滤镜后的效果

执行"图像 > 调整 > 色阶"，在该面板中将黑和白两个滑块向中间集中，目的是去除灰色，只留黑白，白色即是我们将要提取的选区部分。

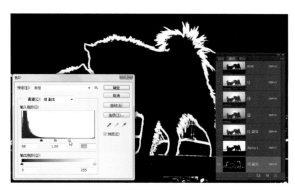
图 4-347　去除灰色，强调黑白

这里只打算凸显主体的轮廓光，其他的杂乱背景都可去除。去除的方法是，使用选择工具，如"矩形选框工具"，把不需要的地方框选起来，框选多个区域时，可按 Shift 键执行加选。

图 4-348　框选要去除的部分

按 D 键恢复到默认的前背景色状态，也就是前景为黑色，背景为白色。按 Alt+Backspace 组合键填充刚才的选区为前景色，也就是黑色。这样就得到了主体的轮廓光选区以备用。

图 4-349　已得到主体的轮廓光选区

◆ 通过曲线调出剪影和轮廓光色彩

在开始调色之前，需先回到"图层"面板。单击 RGB 复合通道恢复正常状态，然后直接切换到"图层"面板即可。

图 4-350　单击 RGB 复合通道恢复正常状态

在"图层"面板，单击"创建新的填充或调整图层"按钮。在弹出的菜单中选择"曲线"，创建一个"曲线"调整图层。

图 4-351　创建"曲线"调整图层

在"曲线"面板，将整个照片的曝光向下拖曳，压暗成剪影效果。注意保留狗狗腿上的长毛，不要一起压暗到深色背景之中，因为还要留着做轮廓光。

图 4-352　将照片用"曲线"压暗成剪影

返回到"通道"面板，按住 Ctrl 键的同时，单击"Alpha 1"的图标，提取其选区。"Alpha 1"就是刚才通道计算出的天空部分的选区。

图 4-353　提取"Alpha 1"天空选区

提取选区后，回到 RGB 复合通道，再回到"图层"面板。单击"创建新的填充或调整图层" 按钮，在弹出菜单中选择"曲线"。可看到建立的这个调整图层自动把刚提取的选区转换成了蒙版，这意味着之后的调整只对天空部分起作用。在曲线面板的下拉列表中选择红通道，准备为天空上色。

图 4-354　在"曲线"调板选择红通道

在曲线的红通道中，按住鼠标左键将红色线段向左上方拖曳，可为天空区域增加红色。

图 4-355　为天空增加红色

切换至曲线的蓝通道，因为蓝与黄为互补色，因此按住鼠标左键将蓝色线段向右下方拖曳，可为天空区域增加黄色。

图 4-356　为天空增加黄色

再切换至曲线的绿通道，因为绿色与洋红色为互补色，因此将绿色线段向右下方拖曳，可为天空区域增加洋红色。

图 4-357　为天空增加洋红色

最后切换至曲线的 RGB 复合通道，将白色线段向右下方拖曳，目的是压暗画面整体的亮度，使刚才调整后的色彩更加浓艳。至此，天空的色彩调整就完成了。

图 4-358　压暗画面整体的色彩

现在开始调整轮廓光的色彩，切换至"通道"面板。选择"绿 副本"，按住 Ctrl 键的同时，单击提取轮廓光的选区。

图 4-359　使用 Ctrl 键并单击"绿副本"获得选区

提取选区后，回到 RGB 复合通道，再回到"图层"面板。单击"创建新的填充或调整图层" 按钮，在弹出菜单中选择"曲线"。建立的这个调整图层自动把刚提取的选区转换成了蒙版，这意味着之后的调整只对轮廓部分起作用。

图 4-360　添加要调整轮廓光的曲线

在"曲线"面板，切换至绿通道，按住鼠标左键将绿色线段向左上方拖曳，为轮廓添加黄色。添加黄色为什么要加强绿通道呢？因为上一个曲线将轮廓调成了红色，根据原色加色的原则，黄色等于红色加绿色通道。因此绿色叠加在红色上即产生了我们需要的黄色。

图 4-361　通过绿通道为轮廓增加黄色

切换至红通道，按住鼠标左键将红色线段向左上方拖曳，为轮廓再添加一些红色，让层次和色彩更加丰富。

图 4-362　为轮廓增加红色

颜色添加后，会发现形态有些僵硬，没有光线柔和的感觉。双击该曲线调整图层自带的蒙版，出现"属性"面板。

图 4-363　双击蒙版出现属性面板

在"属性"面板，设置"蒙版羽化值"为5.5像素，可以看到轮廓光变得非常柔和了。当然该数值要看实际应用的效果，并非固定值。

为了突出和强调主体的效果，可将下半部多余的区域使用"裁剪工具" 裁剪，从而改变其构图。至此，本例全部完成。

图 4-364　设置羽化值将轮廓光变柔软

图 4-365　裁掉部分区域以突出主体

4.3.12 自动叠加 HDR 效果

◆ 拥有丰富细节的逼真照片风格

正常拍摄的照片在宽容度方面有局限，主要是在暗部和亮部的保留问题上往往顾此失彼。而所谓高动态范围（HDR）图像，就是基于同一场景拍摄的不同曝光的照片，分别记录各级别曝光所能表现的丰富细节，叠加并结合为一张宽容度足够大的照片。

图 4-366　导入不同曝光度的照片

图 4-367　暗部和亮部都有丰富细节

核心技巧

A：为制作 HDR 图像准备一组照片时，注意一些拍摄细节，将有助于后期处理效果的提升。

B：在一个复杂的对话框中，并非所有的选项都是经常用到的。将常用项烂熟于心，其他了解即可，用到时再进行深入研究。

首先是如何拍摄曝光不同的多张照片，这里有一些基本的要求。

（1）尽量使用三脚架保证稳定与画面的一致性。实在没带三脚架，可利用相机高速连拍，后期处理用软件对齐。

（2）建议拍摄 5 张或更多照片以覆盖场景的整个动态范围。照片较多时，拼合后，色阶过渡会更加平滑，但最好不要少于 3 张。

（3）不建议使用相机的自动包围曝光功能，主要是曝光度差别较小，效果不明显。可改变快门速度来实现不同的曝光，曝光度上下差一两个 EV 级即可。

（4）尽可能地速战速决，画面中不要出现移动物体。云朵缓慢移动、风吹柳条之类的都会对结果产生影响，比如重影。

导入电脑后，打开 Bridge 并找到你拍摄的这组照片。选择这组曝光不同的照片，执行"工具 >Photoshop> 合并到 HDR Pro"。

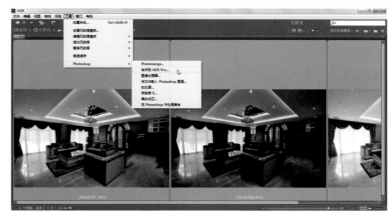

图 4-368　合并到 HDR Pro

进入"合并到 HDR Pro"对话框。左上方最大的区域为效果预览，左下方列出了你拍摄的这组照片，可在这里进行取舍。右侧是各种设置选项，主要包括"边缘光""色调"和"细节"，以及"高级"和"曲线"几大部分。

图 4-369　"合并到 HDR Pro"对话框

HDR 常见的有几种风格，比如表现更逼真的照片细节或展现超现实主义的想象力等。右侧对话框的最顶端的"预设"下拉列表中已经提供了一些风格样式。有三种情况可以利用好这些预设。

（1）为了提高效率，使用现成的效果也是非常好的选择。

（2）以现成的预设为起点，选择某个近似自己所期望效果的项。参数都是"活动"的，可在此基础上进一步达到自己的目标。

（3）预设通常都是厂商的专家调好的，一般会比较典型和到位。可通过这些预设学习和借鉴专家们调色的手法。

图 4-370 提供的 HDR 效果预设

这里从列表中选择了两款不同的预设来比较，一款是"逼真照片"，另一款是更加超现实的"Scott5"。可以看到两款预设的细节都非常丰富，只是有些曝光不足，这主要是因为我拍摄时全部照片有曝光不足的习惯，完全是可恢复的。

图 4-371-A "逼真照片"预设

这里将现成已设计好的预设值作为基础，完成自己的作品。所基于的 "逼真照片"的效果有些曝光不足，所以首先恢复曝光，也就是调整"色调和细节"部分。

灰度系数：按住鼠标左键向左拖曳加大数值时会加强高光和阴影，而向右拖曳减小数值时，会丰富中间调的细节，效果接近于改变对比度的感觉，这里设置为 1.50。

曝光度：增加或减少曝光，这里设置为 1.33。

图 4-371-B "Scott5"预设

细节：类似于调整"锐化"的程度，但又不完全一样，更多的是能够提取丰富的细节，这里设为68%。这是比较低的值，因为本例主要想表现逼真的照片效果，不要过于夸张。

下面的高级选项卡有四个选项，分别为"阴影""高光""自然饱和度"和"饱和度"，用来进一步控制曝光和颜色。

图4-372　改变色调和细节

阴影：按住鼠标左键往左拖曳降低暗部亮度，往右拖曳提高暗部亮度，以表现更多暗部细节。本例暗部细节已经足够了，这里设置为-20。

高光：按住鼠标左键往左拖曳恢复更多亮部细节，往右拖曳细节损失更多。这里设置为-90，拖曳时可观察窗外的景色在逐渐恢复，而原来几乎是一片"死白"。

自然饱和度用来提高部分颜色的饱和度，主要是比较暗淡的那部分色彩。饱和度提高所有颜色的饱和度。这里不希望色彩太过艳丽，所以两者都设为0。

最后单击"确定"按钮，完成了逼真照片风格HDR的制作。

图4-373　改变阴影高光和饱和度

不少影友在最开始不太习惯在HDR对话框里调色，感觉不能很恰当地表达自己的思想。其实只要在HDR对话框中能通过调整得到丰富的宽容度，色调和细节调整方面也可使用其他调整工具，比如使用普通的曲线、锐化等。

图4-374　回到Photoshop主界面继续处理

◆超现实夸张照片风格

大多数朋友创作 HDR 图像的兴趣所在，并非只是恢复一些高光和暗部细节。极具视觉冲击力的超现实效果才是大家极力追求的。操作步骤几乎相同，只是设置的着重点不同而已。这里的素材照片与准备合成照片的拍摄手法相同，这里不再赘述。

图 4-375　导入不同曝光度的照片

图 4-376　极具视觉冲击力的超现实效果

核心技巧

A：说明书的帮助往往是有限的，更换不同素材反复试验往往可以对各种参数有更深刻的体验和理解。
B：了解组成绿色的成分不完全只是绿色，熟悉补色的知识，在调色时灵活运用。

这里不用软件提供的预设，"白手起家"来调整出一款超现实效果的照片。先选择一组曝光不同的照片，执行"工具>Photoshop>合并到HDR Pro"进入"合并到HDR Pro"对话框。软件默认自动加强一些饱和度，为了不影响我对全局的判断，先把"饱和度"和"自然饱和度"都设为0。对话框中的设置并非必须按照排列的顺序来调整，而是根据自己的需要。

图 4-377　把"饱和度"和"自然饱和度"都设为 0

"灰度系数"与改变对比度的效果几乎一样，这里向右拖曳将其设为 0.74，以恢复更多中间调的细节，向左拖曳加大数值则会加强画面中的高光和阴影。

"曝光度"设置为 1.33，只是给画面增加一些亮度，并不起到决定性作用。

"细节"在本例中起到较大的作用，它类似于锐化却又不完全一样，更多的是能够提取丰富的细节，这里将其调整为 288%，画面中大量的纹理被展现出来。

图 4-378 调整曝光和细节

"边缘光"主要作用于画面中有亮部边沿的区域，对其他区域影响较小。"半径"是指亮边的宽窄，"强度"可以理解成这条围绕边沿的光线亮度。设"半径"为 78，"强度"为 0.47 就意味着我并不希望将边沿光明显地展现出来。

图 4-379 设置边缘光的半径和强度

"阴影"控制暗部细节表现的程度。按住鼠标左键往右拖曳设置为 60。画面亮度太暗时，即使存在细节，也很难被察觉。

"高光"控制亮部细节表现的程度，按住鼠标左键往左拖曳将其设置为 -70，这时窗外开始恢复一些细节，但还不够。

过于鲜艳往往会给人不够稳重大气的感觉。因此这里把"自然饱和度"和"饱和度"都设为负值。

图 4-380 平衡明暗减少鲜艳

该对话框也可以像在软件主界面那样调整曲线以得到更细致的效果。比如这里切换到"曲线"选项卡，将亮部向下拖曳，并增加照片的"对比度"以更贴近最终效果。

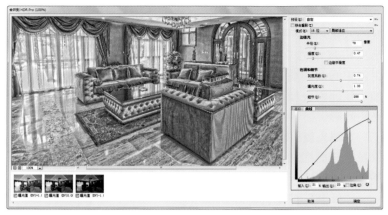

图 4-381　使用 HDR 对话框中的曲线

当然，也可以确定 HDR 效果后，回到主界面再应用各种调整工具。此时照片效果已和普通照片一样，大家可以发挥想象力继续创作。

图 4-382　使用主界面中的曲线

第 5 章

巧润饰

5.1 人像美白与润饰

5.1.1 清晰度与锐化蒙版结合磨皮法

通常所说的磨皮法，基本都是基于 JPEG 格式的照片，在 Photoshop 中利用通道或其他技巧来完成。特点是效果细致，但往往操作过程比较复杂，不太容易掌握。而本例是基于 RAW 格式文件的调整，虽然操作步骤深究起来也许不够严谨，但快捷易学，如果想要高效地完成工作，这未尝不是一种选择。

图 5-1　磨皮前的人物原片　摄影：李智
模特：曹雪

核心技巧

与平日在工作、生活中体会的一样，逆向思维在软件学习中仍然会产生不错的效果。软件说明书所标识的一般都是软件的基本功能和传统用法，并没有强制必须要怎么使用某项功能。因此按照自己的理解和实际体会创新和发挥，能够更深入地了解每个选项的含义。

图 5-2　人物磨皮后的效果

首先打开原始的 RAW 格式文件，调整基础项。我通常倾向于让模特的皮肤更白皙，因此分别增强了"曝光"和"高光"值来美化皮肤。另外还降低阴影部分的亮度，此操作只作用在头发区域。

图 5-3　调整基础项

接下来放大照片，可以看到模特的面部整体效果已经非常精致完美，但总免不了有些细微的瑕疵，比如一些小斑点之类的。可以使用"污点去除工具"将这些瑕疵去掉，新版的"污点去除工具"还可以修补不规则形状，因此像皮肤上细纹之类的瑕疵也能非常容易消除。"污点去除工具"的画笔大小通常要设置得比所处理的污点略大才更有效。

图 5-4　使用"污点去除工具"修复瑕疵

然后就是比较关键的一步了，减少"清晰度"。"清晰度"通常的用法是增强其数值，以强调局部对比度，从而使照片更清晰。但大部分的朋友都被清晰度这个名称误导了，为什么照片非要清晰才对呢？不清晰是不是也有用处呢？

利用逆向思维，我通常把清晰度的用法简化为一句话，叫"人像向左，风光向右"。在处理人像，特别是女孩时，如果将调整清晰度滑块向右拖曳，会造成面部棱角分明、肌肉凸现，那显然不是我们想要的结果。而适当地向左拖曳滑块，可以达到使皮肤柔和、光滑、朦胧的效果，可谓是最简单快捷的磨皮法了。

图 5-5　清晰度向左拖曳，皮肤瞬间改善

当然了，将清晰度向左拖曳虽简单明了，但有不足之处。原因是清晰度的调整是对整张照片的，而像眼睛、牙齿之类的区域也变得不够清晰。而我们真实的目的只是想让皮肤变得柔滑，但眼睛、眉毛、牙齿之类的区域还要保持应有的清晰度。通过对照片的锐化来逐步实现这一点，先切换到"细节"选项卡增加锐化的数量，可以看到整张照片又清晰起来。

图 5-6　锐化照片以使其清晰

但问题又接踵而至，锐化数量一加大整张照片就清晰了，之前好不容易柔和过的皮肤又变得清晰了，难道之前的工作白做了？还好有一个不错的解决方法。锐化这组功能的最后一项是蒙版。按 Alt 键的同时，按住鼠标左键将

蒙版滑块向右拖曳。可以看到在蒙版的黑白状态下，白色为锐化所应用的区域，黑色为屏蔽掉的区域。在黑白预览图中白色的区域只保留眼睛、牙齿、头发这样需要锐化的部位，而皮肤区域都变为黑色时就可以了。这等于用蒙版屏蔽掉皮肤上的锐化效果。

操作完成后就达到了预期的人物磨皮效果。皮肤单独被柔化了，但眼睛、牙齿、头发等区域被锐化了。关键的好处有两点，一是快捷简单容易学，二是基于 RAW 格式文件的修改不会破坏原始照片。

图 5-7　用蒙版屏蔽掉皮肤上的锐化效果

图 5-8　完成后人物的局部磨皮效果

5.1.2 多技巧修饰人像皮肤瑕疵

皮肤上会表现出的瑕疵有很多种类型，比如因为光线（如闪光灯）或化妆造成的大块黄斑、光斑，以及每个人多多少少都会有的黑痣、雀斑、疤痕等。本例除了使用各种有效的方法解决这些问题外，还兼顾简单的修饰和磨皮。因为这些大部分都是细节问题，对比图不会特别明显，因此大家可以在过程截图中留意改善的效果。

图 5-9　修饰色彩和瑕疵前 模特：徐莉

图 5-10　修饰色彩和瑕疵后的效果

核心技巧

　　盖印是个非常值得推荐的功能，它的效果类似于合并或拼合图层。如将图层拼合后，像调整图层、图层样式等都被压制到了一起，无法再修改了。而盖印的优势在于它形成的是一个全新的图层，对原来的图层完全没有影响，而是基于一个全新的起点来操作。

　　首先来看一下原照片，也许是光线的原因，本来白净的皮肤有一小部分呈现出浅浅的黄斑。放大之后，可明显看到眼角、手指和额头的状况比较严重，这类情况可用调色来解决。在"图层"面板的最下方，单击"创建新的填充或调整图层"按钮，在弹出的菜单中选择最下边的"可选颜色"命令。

图5-11　添加可选颜色调整图层

　　这里有4个滑块，将黄色滑块向左大幅度移动以减少黄色，同时观察照片中的黄斑大量消退，皮肤开始变得红润。另外，也要减少一部分黑色，这样会起到减淡色彩的作用，也就是提高原来为黄色的这部分皮肤的亮度。

图5-13　减少黄色和黑色的数值

　　这时"图层"面板原图的上方会出现新的、自带蒙版的调整图层，另外会多出一个可选颜色属性面板。因为皮肤发黄，因此在颜色列表中选择黄色。

图5-12　在颜色列表中选择黄色

　　可能你会发现面部过红，如果能再白净一些就更好了。因此将颜色切换为红色，先增加少量青色，因为它和红色互为补色，相当于减少红色。再从红色中减去一些黄色和黑色，这和刚刚调整的意义基本一样，这里不再赘述。

图5-14　加青减黄减黑使皮肤白皙

牙齿不是纯白的，一般人都会有层浅浅的黄色，这是正常现象。但照片放大打印看上去会不太雅观，所以把它变得洁白无瑕才符合审美。先放大照片，用"多边形套索工具" 圈中牙齿部分，因为这是个很小的区域，所以羽化值不必太大。在"图层"面板的最下方，单击"创建新的填充或调整图层" 按钮，在弹出的菜单中选择最下边的"可选颜色"命令。

这时"图层"面板又出现了新的、自带蒙版的调整图层，蒙版除了牙齿这么一个极小区域外，其他均为黑色，也就是说其他区域被屏蔽掉了。另外会多出一个"可选颜色属性"面板，在颜色列表中选择黄色，然后将黄色滑块拖曳到最右边，也就是完全消除黄色使牙齿洁白如玉。个人认为这个可选颜色的方法是值得推荐的。获得洁白牙齿当然也可以用曲线和色相/饱和度等命令，但对比之后以上操作产生的效果感觉更自然、完美。

图 5-15　添加可选颜色调整图层

图 5-16　可选颜色将黄色降到最低

用类似的方法还可以单独提亮眼睛，使眼睛更加有神。先放大照片，用"多边形套索工具" 圈中眼睛部分，设置的羽化值不必太大，因为受影响区域较小。在"图层"面板的最下方，单击"创建新的填充或调整图层" 按钮，在弹出的菜单中选择"曲线"命令。

"图层"面板又多了一个自带蒙版的调整图层，除了眼睛区域外其他均为黑色，也就是只有眼睛才受到调色的影响。另外会多出一个曲线属性面板，在曲线属性面板中提升中间调以增加眼睛亮度。

图 5-17　添加曲线调整图层

图 5-18　提升中间调以增加眼睛亮度

每个人的审美不同，可能会有朋友觉得口红有些过于鲜艳或不喜欢这个颜色，那么怎么办呢？用"多边形套索工具" 圈中嘴唇部分，设置较小的羽化值，比如 5 或 6，这个得看具体照片。在"图层"面板的最下方，单击"创建新的填充或调整图层" 按钮，在弹出的菜单中选择"色相 / 饱和度"命令。

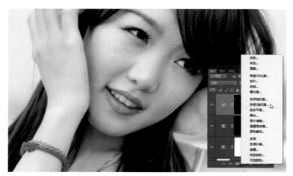

图 5-19　选择"色相 / 饱和度"调整图层

在出现的"色相 / 饱和度"属性中，改变色相滑块使口红转为粉色，当然了其实也可以选择蓝、绿、紫等颜色，只是这里选择了趋向真实的颜色而已。降低饱和度增加明度，这样口红的色彩就变成了淡淡的亮粉色。

图 5-20　调整口红的颜色

另外，人物脸上有一些微小的斑点和瑕疵需要去除。因为用到了多个调整图层，要保证随时能更改参数，所以尽量不要拼合图层。而如果不拼合图层，那么在调整图层上又不能直接使用各类修补工具。因此需要在新建的空白层上进行操作，这需要让修补工具具备多层操作的能力。

修补工具可以使用"污点修复画笔工具" "修

复画笔工具" 和"仿制图章工具" 等。它们的选项栏上都有一个"样本"下拉列表，从中选择"所有图层"，修补类工具就有了影响多层的能力。

图 5-21　修补的影响范围为所有图层

因为设置了所有图层，所以可以将修复后的遮挡物放在一个单独的透明图层上。该透明图层要位于"图层"面板的最上端。

"污点修复画笔工具" 和"修复画笔工具" 两者的区别是，后者需要按下 Alt 键先进行人工取样，而前者直接在需要处理的部位单击即可消除瑕疵。两者的共同特点是能够智能地与修复后的周围皮肤融合，包括颜色、明暗、纹理等。

而"仿制图章工具" 与它们有所不同，它更多是完全照搬原始位置的皮肤来覆盖瑕疵，不会智能融合，其融合主要靠软画笔的柔和边沿。这其实是两类工具，一类更加智能快捷，但有时会自作主张，效果不能次次如人所愿。另一类比较传统，更加"忠于原著"，得到的效果通常可以预见，可靠性高。

图 5-22　尽量去除面部的小瑕疵

比较明显的瑕疵去除以后，进行简单的磨皮操作。因为磨皮只能在具体的照片上处理，而下面有那么多调整图层还要保证以后可以修改，所以需要有一层具备所有调整效果的副本实体，这可以使用图层盖印来实现，按 Ctrl+Alt+Shift+E 组合键后，它会出现在所有图层的顶端。

图 5-23　盖印具有所有效果的新图层

这个磨皮的操作有些过于简单了，不过很有效，最重要的是不必外挂插件。执行菜单"滤镜 > 杂色 > 减少杂色"进入"减少杂色"对话框。将"强度"和"减少杂色"两项拖曳到最右侧，其他两项拖曳到最左侧，达到的效果就是整个皮肤变得模糊、柔和，从而细节丢失，这些丢失的细节包括面部的细纹、粗大的毛孔等。

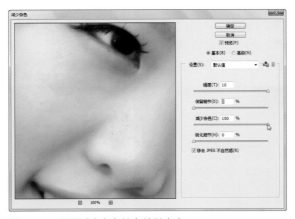

图 5-24　设置减少杂色的参数以磨皮

很显然，眼神、牙齿、头发等区域并不需要磨皮处理，因此需要隔离出来。按 Alt 键的同时，单击"添加图层蒙版" 按钮，添加黑色蒙版，这意味着刚才的磨皮效果全都被屏蔽掉了。这时再使用"画笔工具" ，确定前景色为白色，画笔的硬度为 0。在皮肤上涂抹，包括面部和身上的所有皮肤，这样只会保留皮肤的磨皮效果，其他区域的效果被舍弃。

图 5-25　用白色画笔在皮肤上涂抹

直接在人像上涂抹有时因为蒙版缩览图太小会漏掉一些细节。确定选择状态，位于蒙版之上后，按 Alt 键进入蒙版的大图显示状态。在此状态下，可以精修蒙版内容，补上漏掉的细节。

图 5-26　进入蒙版的大图显示状态

操作接近尾声了，我又添加了两个"曲线"调整图层，主要是增加了亮部和局部亮部，之前已经多次演示过类似操作，所以就不再重复讲了。最后按 Ctrl+Alt+Shift+E 组合键再将整体图层盖印，因为调整图层上没办法进行锐化。执行菜单"滤镜 > 锐化 > 智能锐化"进入"智能锐化"对话框，一般锐化时应将画面放到 100% 预览状态。设置一定的锐化量，另外少量改变减少杂色，最后完成操作。

图5-27 对照片进行智能锐化

5.1.3 利用液化技巧美体塑形

人们都喜欢追求极致的美丽，有时这种完美只存在于想象中，而真实世界是不存在的。如果说风光照片只要前期控制得好，后期处理只通过 Camera RAW 和 Lightroom 调色，即可使照片完美。但人像有所不同，大家总希望模特更完美、更白、更瘦、更高等，大多数情况下，只有 Photoshop 亲自出马了。

图 5-28 摩托炫酷风 模特：孟梦

图 5-29 完成各局部的塑形后

核心技巧

A：远超出要处理元素大小的整体推移，而不去改变某个小元素是非常好的技巧，这使很多物理性的大变动显得"不动声色"。

B：所谓好的技巧不是背会所有的功能，而是将一个司空见惯的功能运用得恰到好处，招数老套，但结果却能变化莫测。

首先按Ctrl+J组合键复制一份原图的副本"图层1"。执行菜单"滤镜 > 转换为智能滤镜"将该图层转换为智能滤镜。转换的意义在于以后可以重新返回"液化"对话框进行修改，另外不想要的液化效果可以随时关闭或删除。这是Photoshop CC一个非常好的新特性，在老版本中作为智能对象的图层是不能够被液化的。

图5-30　将新图层转换为智能对象

塑形的主要工具就是液化了，它完全可以超越现实中只能靠手术才能完成的目标。执行菜单"滤镜 > 液化"进入"液化"对话框，默认的简洁模式功能也许比较少，但这已足够使用了。先选择左上方第一个"向前变形工具" ，右侧可以设置该工具的画笔大小。

图5-31　在"液化"对话框中改变画笔大小

很多时候模特是比较辛苦的，摄影师设计好的造型真正摆起来是有难度的，有时最终效果不尽如人意也是正常的。最常用的就是刚刚选择的"向前变形工具" ，该工具的主要功能就是推移像素向自己希望的形状改变，可以想象眼前的照片是如"橡皮泥"材质的泥塑，可以用手重新塑造心目中的弧度和形状。

使用"向前变形工具" 的诀窍是画笔要比处理的对象略大，因为如果使用的画笔太小，会推出一个个"小坑"，使弧度不够流畅，坑坑洼洼的。这次画笔大小设为700，并按红箭头所指方向推移。对于常见的人像照片来说，需要处理的位置包括脸颊、腹部等，力度一定要适量。

图5-32　使用向前变形工具推移

另外需要解决的还有一些衣服上的小褶皱或小突起。通常大家会使用"仿制图章工具"将其覆盖，其实使用"向前变形工具" 也是一个非常好的方法，而且修饰后的边沿就是原始的边沿，因此会更加自然。操作时要将画面放大，画笔尺寸要足够小，并且可以通过多次推动和挤压完成。

图5-33　解决衣服上的小突起

每个人都希望自己在照片中显得高一些，那相对来说腿就应该更长。使用拼图"接骨"的方法会比较难操作。但"向前变形工具" 可以轻松实现这一点。站直的腿相对容易拉长，但弯曲的就比较难控制。同样的画笔大小很重要，向红色箭头指定的方向拉伸，注意分寸，避免产生不真实感。

图5-34　向箭头所指方向拉伸

另一条腿是站立的，但处理起来同样有难度。难点在于地板与脚之间是有间隔线条的，拉长腿时地板线条也会跟着变形。技巧同样是控制画笔的大小，让画笔大到足以连地板也覆盖全。也就是说向下推移的不光是腿，而是包括腿下面的一整块地板。因为是整体的推移，地板边沿的轻微变形几乎小到难以察觉，而腿也得到了足够的加长和延伸。

图5-35　连地板一起往下拉伸

因为作者本人比较富态，所以对液化工具瘦身这方面钻研得比较多。"向前变形工具" 虽然很好用，但是有局限。因为它解决问题的方法往往是平面的，比如想瘦腰就需要从左右往中间推动。但这种推移是平面的而不是立体的，腹部的凸起问题解决不了，衣服上撑起的褶皱会完全"出卖"原有的小肚腩。

于是我发现了更好用的"褶皱工具"，它使用后的感觉是从四周往中间凹陷，将凸起的区域压平，将庞大的对象缩小。这个用处非常广泛和神奇，可以非常立体地将腰身、胳膊、腿部缩细。不过咱们的模特已经很瘦，用起来显然不够明显，如果拿作者自己的照片献身说法，效果对比就非常强烈了。

图5-36　使用"褶皱工具"塑形

完成液化后回到主界面，"图层"面板已经起了变化，"图层 1"下挂接的智能滤镜为液化。可随时单击前面的眼睛图标比较前后的效果。下面自带的蒙版还可以方便地与原图进行必要的拼合操作。如需进一步液化，可以再次回到刚才的操作状态，双击液化这一行即可。

图5-37　图层面板的液化智能滤镜

　　怎么样？我们又回到刚才的操作界面了，使模特的身材进一步变修长。这回拉长的就不只是腿了，而是整个身体。难道不会变形吗？当然会。但只要有技巧，完全可以做到神不知鬼不觉。技巧很单一，毫无疑问又是画笔大小，关键是灵活运用。

　　使用"向前变形工具"，这次画笔要足够大，大到超过照片本身。先罩住模特的上半身整体向上推移，再罩住下半身整体向下推。将引起的变形平摊到照片的几乎每个像素上，犹如将墨汁倒入了汪洋大海，很难察觉到。

　　千万不要以为推移大量的像素是理所应当的，其实这是新版 Photoshop 改进后硬实力的体现。画笔的大小可以设置的范围比以前更广，推移像素也同样比老版本更加迅速。

图 5-38　使用巨大画笔拉伸画面

5.1.4 利用通道和曲线细致磨皮

　　磨皮的方法其实很多，有非常简化的两三步就完成了，也有专业细致的操作数小时都无法完成。本例的方法算比较中庸，在效果和繁琐之间找了个平衡点，用到的主要是通道、滤镜和曲线等技巧。

图 5-39　通道磨皮前原图
模特：林颜歌

图 5-40　使用通道磨皮法处理后

核心技巧

A：一些比较常用的功能，如磨皮、调整偏色和曝光之类的操作可以录制成动作，以方便重复使用。

B：有时候蒙版和通道的难度可能被夸大了，在面授课程中，不少学员是在习以为常的图层上栽了跟头，深入理解图层会给学习蒙版和通道打下坚实基础。

打开人物照片，按 Ctrl+J 组合键将背景图层复制一层备份。程式化地复制背景层备份是个很好的习惯。这一方面是方便再次用到原始照片，另一方面也方便比较处理前和处理后的效果。

我们是不能在原始通道上操作的，因此按住鼠标左键将绿通道拖曳到"创建新通道"按钮 上，复制一份绿通道副本为"绿 拷贝"。

图 5-41　复制背景层以备份

图 5-43　将绿通道复制一份

执行菜单命令"窗口 > 通道"进入"通道"面板。在"通道"面板观察各通道的对比度，看哪个明暗反差更大，面部的瑕疵更突出。经过比较之后，绿通道相对合适一些。不同的照片选择会有所不同，要看具体情况。

执行菜单命令"滤镜 > 其他 > 高反差保留"，设适当值，通常来说半径为 10 左右。该滤镜的作用就是保留颜色反差更加明显的区域。具体到这里就是面部瑕疵或皮肤颜色比较严重的区域。

图 5-42　比较各通道的明暗反差

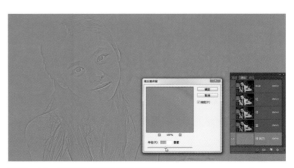

图 5-44　设置高反差保留的参数

执行菜单命令"图像 > 计算"，在下面的
"混合模式"中选择强光，另外，"不透明度"
设为 100%，结果选择新建通道，这一步其实
是强化这种明暗的对比效果。

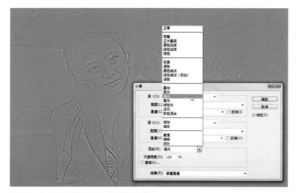

图 5-45　设置图像计算的参数

通常前两个步骤要重复两到三次，继续强
化这种对比。完成这一步后，通常面部提取出
来的元素如刚揭下的面膜般，会使人感到反感。
因此大家学会方法就可以了，这里就不放大展
示细节了。

图 5-46　再次进行图像计算

模特的面部瑕疵并不严重，所以只重复了
两次上述步骤，得到自动生成的 Alpha 2 通道。
确定选该通道为选中状态，按下 Ctrl 键的同时，
单击 Alpha 2 通道提取选区，这其实是选取了
画面的高光部分，而需要的区域刚好相反。执
行菜单命令"选择 > 反向"，得到暗部瑕疵的
选区。

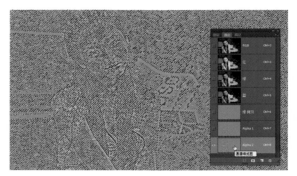

图 5-47　得到并反向选区

选择"通道"面板顶端的 RGB 复合通道。
这一步单独列出来，是因为在面授课程的练习
中，不少学员都是在此出错的。出错率最高的
通常是两个地方，一是没有选择 RGB 复合通
道，而是只单击前面的眼睛图标；二是根本忘
记了这一步，直接回到了"图层"面板。

图 5-48　选择 RGB 复合通道

切换回"图层"面板，在"图层"面板的
底部单击"创建新的填充或调整图层" 按钮，
在弹出的菜单中选择"曲线"，添加一个调整
图层。

图 5-49　添加曲线调整图层

放大模特面部以方便观察。双击添加后的"曲线"调整图层左侧缩览图，出现"曲线属性"面板，将曲线的中间调提升，会发现皮肤逐渐变得柔和、细腻和白皙了。为了展示效果，这里提升的尺度有些大，具体使用时尺度可以调小一些，以保留部分皮肤纹理和细节。

图5-50 对皮肤进行磨皮

当然磨皮的同时也影响到了眉毛、眼睛、头发等区域。这些区域需要恢复到原始状态。先使用"多边形套索工具"选择面部要恢复的几个元素，并记得进行少量羽化。然后选中"曲线"调整图层所带的蒙版，执行菜单命令"编辑 > 填充"。在对话框中将内容使用选为黑色，"混合模式"为正常，"不透明度"为80%。之所以没有设为100%是希望能够更加自然地融合，但是瞳孔的地方还是需要用"画笔工具"彻底擦拭。

接下来恢复其他部分，比如头发、衣服等，这些区域都不需要磨皮。那为什么不和刚才一起恢复呢？主要是考虑到五官所占区域比较小，羽化值也可设得较小。头发、衣服等的选区羽化值要相对再大一些，这样融合起来过渡更加自然。方法同样是用"多边形套索工具"框选区域，选择后将曲线自带的蒙版上填充为黑色。

图5-52 恢复头发和衣服的清晰状态

这种比较精细的磨皮方法也会有照顾不到的地方。比较大的瑕疵和划痕用这种方法不容易去除，因此需要专门的工序来清理它们。使用"修复画笔工具"，或者"仿制图章工具"均可，在界面上方的选项栏上选择"样本"为所有图层。只有这样修补不会被局限到只能在一个图层上操作，而是可以跨图层进行处理。

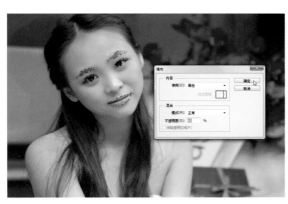

图5-51 将眼睛等恢复到清晰状态

图5-53 选择所有图层可跨图层操作

新建了一个透明的空白图层，这次选择的是"修复画笔工具"，所有的修复效果都会产生在这个新图层上。将照片放大到极大的程度，就可以修复瑕疵和划痕了。使用"修复画笔工具"需要先按下 Alt 键在周围画面上取样，然后在需要修复区域单击去除瑕疵。如果需要修复长条状的划痕或细纹，也可以拖曳出相应的范围来消除。该工具会自动将明暗、色彩和纹理与原始的皮肤融合。

图 5-54　修复画笔处理划痕或细纹

年轻人有时熬夜上网，眼睛周围会出现黑眼圈、眼袋。可以使用"修补工具"来解决这个问题，但该工具没有针对所有图层取样的选项，所以只好先按 Ctrl+Alt+Shift+E 组合键盖印图层。然后使用"修补工具"将眼袋圈住，当然也可以用其他选择类工具先圈好。然后按住鼠标左键用"修补工具"拖曳选区到一个比较平滑柔和的皮肤区域，松手即可完全去除眼袋。

图 5-55　用修补工具拖曳消除眼袋

完全消除眼袋反而会不真实显得很假，因此多少要保留一些。在设有任何后续操作的前提下，执行菜单命令"编辑 > 渐隐"。在"渐隐"对话框中将不透明度减少一半左右，以恢复眼部周围的一些纹路。

图 5-56　恢复一部分纹路

另外一个眼袋凸显的关键点就是阴影过重，所以消除阴影也是个有效的方法。当然要确保刚才"修补工具"获得的选区还没有被取消。然后在"图层"面板的底部单击"创建新的填充或调整图层"按钮，在弹出的菜单中添加一个"曲线"调整图层。然后在"曲线"属性面板中提升少许曝光，以消除眼睛下方的阴影。

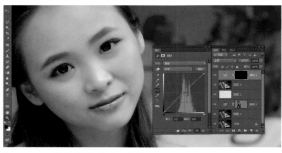

图 5-57　曲线消除眼睛下方的阴影

5.1.5 抠取飘逸长发并更换背景

　　抠取人物，特别是当模特长发飘飘时，获得完整的发丝，又不留杂边的过程总是比较麻烦。这里用调整边缘来实现，并想办法让发丝和新换的背景融合得更自然。

图 5-58　原图，模特长发飘飘

图 5-59　抠出后，与新的背景融合

核心技巧

A：调整边缘完全替代老版本的"抽出"工具，选项丰富，可善加利用。
B：抠发换背景有时候要不局限于"抠"，也可以尝试用"混合模式"过滤。

打开模特素材后，先使用"快速选择工具" 粗略选择人物。所谓粗略的尺度，在于选择基本的身形轮廓，但不必选择飘逸的发丝。如在使用"快速选择工具" 后选区没有达到需求，可以使用选项栏上的加选和减选进一步优化选区。

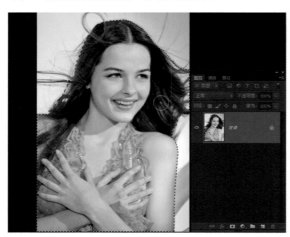

图 5-60　用快速选择工具进行粗略的选择

在选项栏上单击"调整边缘"按钮进入"调整边缘"对话框。在对话框的视图列表中选择"叠加"选项后，可以看到选区外以透明淡红色标识，这其实是以快速蒙版的方式查看。这样做是方便观察头发的位置，当然也可以选择你所喜欢的视图方式。如果想了解每种视图的详细信息，可将鼠标指针悬停在该模式上。

图 5-61　使用叠加视图观察照片

为了方便细致地观察发丝抠出的效果，可在对话框不关闭的前提下放大和移动图像。这两个按钮位于该对话框的左上角。

图 5-62　不关闭对话框也可放大照片

在边缘检测区域勾选智能半径，按住鼠标左键将下面的半径值向右拖曳到最大。智能半径可以自动检测边界区域中包含的硬边缘和柔化边沿。半径用来控制边沿影响的范围大小，因为头发飘散的范围很大，所以半径值也设到最大。

图 5-63　使用智能半径检测边缘

但智能半径能控制的范围还是有限的。很多头发因为扩散的范围太广，所以并未检测出来，因此需要人工辅助操作。我这里把它们形容为"离群"的头发。在边缘检测区域的左侧，找到"调整半径工具" 和"抹除调整工具" 。前者通过类似绘画的方式，精确标出哪里是需要提取的头发，后者可以去除标错的地方。

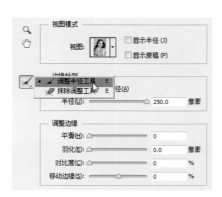

图 5-64　使用调整半径工具

要改变这两个工具的笔尖大小，可以和正常情况一样使用左右括号键。也可以在主界面的选项栏上直接改变画笔尖的大小。

图5-65　改变工具的笔尖大小

笔尖大小确定后，就可以利用"调整半径工具"把需要找回的长发全部"画"出来了。画的范围要比发丝略大一圈，不要漏掉散碎的头发。这一步其实是告诉软件哪里是"离群"的头发。

图5-66　标出"离群"的头发

头发间的孔洞一定要用"调整半径工具"　"画"出来并"填满"，以方便软件检测到镂空，否则最后完成后这些孔洞会留成实心的。如果有些区域画多了，可用"抹除调整工具"去除，以避免软件耗时做无用功。

图5-67　将头发间的孔洞都填满

在视图列表中选择"背景图层"选项，这样可以预览实际的抠发效果。棋盘式的背景图案代表透明像素，可以看出得到的抠发效果不错。

图5-68　在视图列表中选择"背景图层"

如果直接结束操作，头发周围会出现一些没有完全消除的杂边，这几乎是很难避免的。要弱化这些杂边，可在"调整边缘"对话框的下部选择"净化颜色"，并在下面设置相应的"数量"。这个功能主要是用杂边替换周边类似的颜色，与周围的头发更加融合。

图 5-69　使用净化颜色并调整数量

因为此选项其实是更改了边沿的像素颜色，所以它需要输出到新图层或文档。在下面的"输出到列表"中，建议选择"新建带有图层蒙版的图层"，以避免伤害原始文件。

图 5-70　输出到"新建带有图层蒙版的图层"

确定后，可以添加一个彩色的背景以测试抠发的效果。在"图层"面板上，单击"创建新的填充或调整图层"按钮，在弹出菜单里选择"纯色…"，并任意设置一个颜色作为背景。可以观察到效果还不错，如果要求不高，操作到此就结束了。但仔细观察可以发现小部分过细的发丝断掉了，这说明还不够完美。

图 5-71　添加彩色背景以测试抠发效果

可以转换一下思路，如果能得到周围"离群"的发丝，再和主体相融效果会不会更好？选择背景图层，然后按 Ctrl+J 组合键复制背景图层，并把其拖曳到整个图层堆栈的顶端。

图 5-72　创建一个新的背景副本

在"图层"面板中，将"混合模式"为改正片叠底，通过此步骤过滤大部分背景。如果在实际应用中发现效果不佳，可尝试其他模式。

图 5-73　使用混合模式正片叠底

这时只看"离群"的头发效果如何。只要这部分不错，其他地方变暗也不必管，因为它们将被蒙版遮挡。如果混合后的头发背景局部偏暗，可以使用柔边、大画笔的"减淡工具"对"背景 副本 2"进行区域性加亮，直到"离群"头发非常自然地融合。

图 5-74　使用混合模式后的效果

单击"添加图层蒙版" 按钮，为"背景副本 2"添加一个白色蒙版。使用柔和的黑色画笔在蒙版上按模特的主体形状绘制。到边沿连接处时要格外小心，这一步其实就是将刚刚提取出来的"离群"发丝和主体人物结合起来。

图 5-75　绘制蒙版把原始的皮肤透出来

在"图层"面板上单击"创建新的填充或调整图层" 按钮，在弹出菜单里选择"渐变…"，添加一个新背景。

图 5-76　添加渐变背景

可以在弹出的对话框里选择一个合适的渐变，以测试发丝在渐变类背景上的表现，可以看到几乎所有的发丝都得到了完整地呈现。

图 5-77　使用渐变作为背景测试发丝

当然也可以置入一张普通照片作为背景，以观察发丝在自然背景下是否融合到位。

图 5-78　使用照片作为背景测试发丝

5.2 风光片的杂物清除思路

5.2.1 对 RAW 格式文件清除元素的改进

对于摄影师来说，之前对 Photoshop 主体的种种不舍，很大程度上取决于其无可替代和强大的修补功能。而在 Camera RAW 中其修补能力基本上仅限于面积较小、形状规矩、背景简单的污点上。这个问题近期已经有了不小的改进，大大减少了必须切换至 Photoshop 的几率。

图 5-79　天空的污点和地面的人物
要去除　摄影：吴全海

图 5-80　污点和人物已去除

核心技巧

A：深刻意识到 RAW 格式文件"调不坏"的本质很重要，基于此就可以设置一些临时状态，以便于进行其他的操作。

B：污点去除画笔的显示位置和绘制不规则区域的特性使修补工作更少地依赖 Photoshop。

这些功能的改进是基于 Photoshop CC 的 Camera RAW 8.0。首先将照片调整到基本满意为止，甚至有时候可以适当提高亮度，以避免出现"藏污纳垢"的地方。因为 RAW 格式的调整不怕损伤照片，所以清理结束后再调成正常状态也没关系。

图 5-81　进行基本的调整

首先是天空的污点主要是因为相机CMOS进灰而造成的。使用"污点去除画笔" 移至污点处，会出现一个画笔虚线圈，使污点位于该虚线圈中心。另外，这个画笔的大小要比去除的污点略大。

中的白色污点在黑色背景的衬托下格外突出，特别是位于蓝天背景上的污点。移动该项后方的滑块，可调节画面显示的清晰程度。

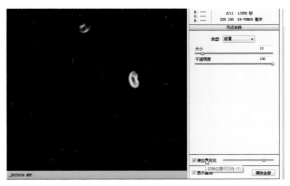

图5-84　使位置可见

松开鼠标后会出现红色和绿色两个虚线圈。红色为污点的原始位置，绿色为系统自动找到的、完好的修复样本。这时原来红色圈中的污点被绿色圈中的样本覆盖了。红圈和绿圈都可以移动位置和改变大小，以方便调整至更完美的状态。

另一项改进也是非常有创意的，那就是"污点去除画笔" ，它可绘制不规则形状，以处理形态各异的预清除元素。之前只是单一的圆形，而如今犹如液体一般，"流"到哪里，哪里即被包含在处理范围之内。

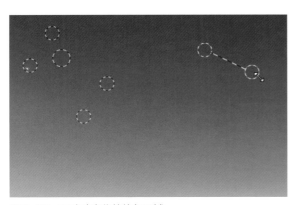

图5-83　可移动变化的修复区域

图5-85　绘制出不规则区域

选择"污点去除画笔" 后，在右侧的对话框中相应的调整选项，包括调整画笔的类型，改变画笔的大小和不透明度等。其中底部有一项改进非常新颖，称为"使位置可见"。勾选该项后，照片被转换至黑白蒙版状态。画面当

不规则形状绘制完成之后，同样系统会智能地找出周围最相似的区域进行仿制和修复。红色区域为被清除区域，绿色为取样的区域。可以预见到，以后的修补功能会更少地依赖Photoshop，只要操作不太复杂，Camera RAW 完全可以胜任。

图 5-86　不规则区域的修复

　　"污点去除画笔"  有两种模式，在对话框右侧的"类型"下拉列表中有修复和仿制两项。通常默认的处理方法是修复，该方法除了使取样区域覆盖污点区域外，也将其纹理、光影和颜色与该区域相匹配。"仿制"则直接复制并挪移，不进行本地化处理。

图 5-87　两种去除污点的方法

　　这里先尝试一下修复的效果，用该方法将人物挪移到山上。可以看到挪移后，人物的状态与新背景融合，并没有保持原始的颜色。

图 5-88　污点去除画笔修复方法

　　而仿制更"忠实于原著"，不进行任何加工，原封不动地挪移对象。两种方法各有利弊，适应于不同的要求，可酌情应用。

图 5-89　污点去除画笔仿制方法

5.2.2 内容识别让杂物挥之即去

拍摄时就算是非常小心，也很难避免各种"穿帮"。一些不必要的杂物、边角或无关人员总是能不合时宜地闯进画面中。我想最快捷有效的去除方式就是内容识别填充了。

图 5-90　原图，边角有杂物摄入画面

图 5-91　处理后，边角杂物去除

核心技巧

A：内容识别填充大多数情况下不需要羽化。
B：尽量用最简单的方式来选取要清除元素。

这个功能显然太便捷了，我们需要做的只是使用最简单的"矩形选框工具"获取一个要填充内容略大选区，甚至完全不需要羽化。

执行"编辑 > 填充"，在"填充"对话框的"使用"下拉列表中选择"内容识别"。其他参数保持默认值，单击"确定"按钮。

图 5-92　框选牌子的大小

图 5-93　选择"内容识别"

最后按 Ctrl+D 组合键取消选区。此时操作已经结束了，就这么简单。放大画面后会发现完成后的填充区域和周边融合得非常完美，过渡相当自然贴切，而且我们并没有进行羽化。

图 5-94　消除杂物后得到完美的填充效果

5.2.3 一次性去除多根电线杆

电线杆、路灯、各种支架等这些干扰元素都是让你一次又一次放下相机的理由。而随着现代化、城市化的发展，它们只会越来越多地出现在美好风光的周围。还好，大多数的杂物都可以非常轻松地使用智能化的内容识别填充去除，并且不只是单一元素。

图 5-95　原图，画面中多根电线杆

图 5-96　处理后，电线杆及水中倒影已去除

核心技巧

A：内容识别填充甚至可以识别背景中的间隔与纹理。
B：配合选区的加选，一次性去除多个画面元素。

按传统方式去除修长的元素，比如电线杆、路灯等，会有个致命的问题。就是因为个体太长，所以需要多次使用"仿制图章"。在仿制过程中不但需要操作多次，还可能留有衔接的印迹。而现在不会了，只要使用普通的"矩形选框工具" ▣ 框出一长条矩形来即可。诀窍是要比框选的元素范围略大，给软件留些识别的空间。

图 5-97　框选电线杆，框选范围比电线杆略大

执行"编辑＞填充"，在"填充"对话框的"使用"下拉列表中选择"内容识别"。确定其他选项都为默认值，单击"确定"按钮。

图 5-98　"填充"对话框

可以看到，虽然并没有羽化，填充后的内容和周围环境还是非常完美地融合了，并且背景桥梁的隔断，以及山峦云彩的纹理都非常完美地衔接上了，这便是该功能的强大、神奇之处。

图 5-99　填充后的内容和周围环境融合得较好

很显然，如果要一次性去除多个元素，包括电线杆、电线等只要都加选进来即可。选择

其中之一后，按下 Shift 键进行加选。在这个过程中，不但可以使用"矩形选框工具" ▦，还可以配合任意的其他选择工具，比如"多边形套索工具" ◹等，以适应不同的元素形状。

图 5-100　通过加选把其他元素也添入选区

执行和上述完全相同的内容识别填充操作，可以看到被框选区域内的元素已完美去除了。如做到这一步电脑显示内存不足，可考虑升级电脑。

图 5-101　大量元素被一次性去除

接下来就是一些善后的清理工作了，重复使用上述的功能即可，也可配合其他方式协同完成。需要注意的是电线杆在水中的倒影，这是处理图片时最不能马虎的地方，以避免留下穿帮"镜头"。

图 5-102　记得去除电线杆在水中的倒影

5.2.4 摆脱繁杂电线纠缠的新思路

拍摄风光时，遇到几根七缠八绕的电线，修补起来非疯掉不可。用普通的手法清除并非不可以，但工作量会较大，而且因为修补次数过多，画面离原样可就越来越远了。

这类对象共同的特点就是细长、众多，影响面积广，不好建选区。能够精确高效地建立选区，使这些干扰物尽可能快捷、自动、智能地消失当然最好。

图 5-103　天空交叉错落的电线

图 5-104　去除电线后的天空

核心技巧

A：要深刻理解 PS 每项功能都非独立存在，只有灵活混搭才越发强大。

B：操作时，如一次达不到想要的效果，莫强求。可循序渐进，步步为营。

因为路过斯洛伐克的前一天晚上刚下过雨，所以天气出奇的好，即便是随便一处街角，也被蓝天白云衬托得相当有格调。可惜横跨在头顶交叉错落的电线却让人感觉有些破坏画面了。开始本例之前，为了不伤到原图，按 Ctrl+J 组合键复制一个完全相同的新层。

图 5-105　复制出完全相同的新层

这里不是机械地一根一根选择电线,我们会用到通道,因此先要选择通道调板。如果没有找到该调板,可以在菜单中执行"窗口 > 通道"调出来。

图 5-106　选择通道调板

首先要提取出电线的选区。进入通道面板后,分析一下红、绿、蓝三个通道,看哪个通道中得明暗反差比较大。说得再直白点,就是电线和白云之间对比度最强的那个通道。很明显我们选中的应该是蓝通道。背景的白云没有层次,最接近纯白,这样电线就很容易被凸显出来。

图 5-107　红绿蓝三个通道的状态

不能在原通道上修改。因此要先选择蓝通道,然后把它拖到下面的"新建"按钮上,建立蓝通道的副本。后面的操作都基于这个叫"蓝拷贝 2"的副本。

调整的目的是对"蓝 拷贝 2"通道增加强烈的反差,只有足够强烈的反差,才更容易建立清晰的选区。执行"图像 > 调整 > 曲线"命令,调出"曲线"对话框,将左下角黑场位置的端点往中间平推。

图 5-108　复制出一个蓝通道

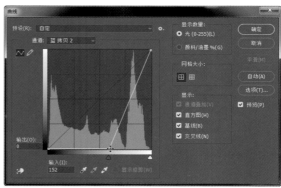

图 5-109　调整黑场的端点

在画面中的反映是之前不够暗的中间调部分都归为纯黑，也就是尽量使电线部分变为"死黑"，尽量少地有灰色过渡。

图5-110　使电线尽可能的变黑

接着，将右上角白场位置的端点往中间平推，同时也可以继续调整黑场的端点。这并不是可以粗心的步骤，整个过程中要不断观察画面中的反馈，以确定得到自己想要的区域。

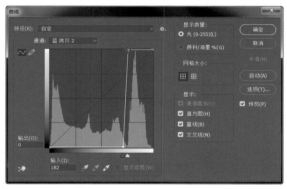

图5-111　调整白场的端点

仔细观察画面的变化，让电线尽量与背景黑白分离。有两点需要注意，一是黑色电线调不好容易断开，断开即为失败；二是背景尽量调为纯白，太杂乱也为失败。

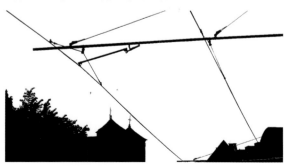

图5-112　使通道黑白分明

处理的最终目标是电线，房子区域对我们建立选区没什么用，因此需要只保留电线部分。使用多边形套索工具 粗略选出电线的大致区域，也就是选区围着电线区域绕一圈。遇到与房顶离得太近时，需要小心选择。建议与房顶保留些间隙，以避免之后填充时损伤房顶。

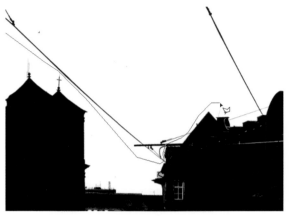

图5-113　选择电线区域的过程

执行菜单"选择 > 反选"，或按 Ctrl+Shift+I 组合键反选当前选区，这样选择的就是除电线区域之外的地方。

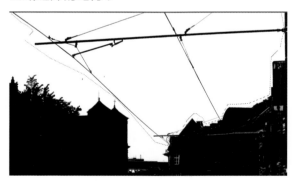

图5-114　选择电线之外的区域

执行菜单"编辑 > 填充"，在填充面板的内容菜单中选择"白色"。

图5-115　填充内容为白色

可以看到，其他区域已经被填充为白色，这样做的结果是画面中只剩下电线了。在做下一步之前，有个容易犯错的地方，就是不取消选区，这个很重要。按 Ctrl+D 组合键，或在选区内外单击取消选区。

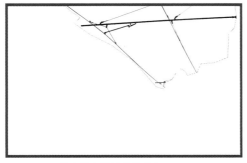

图 5-116　将电线之外填充为白色

我们知道因为通道中白色是被选择的部分，所以按 Ctrl+I 组合键反相操作。这样整个画面变黑，只有电线部分以白色凸显出来，这正是我们想要的。

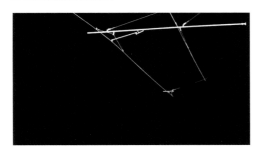

图 5-117　反相通道

确认当前图层为"蓝 拷贝 2"层。按住 Ctrl 键不放，单击该层，将通道转换为选区。这样就得到了电线的所有选区，电线已经提取出来了。

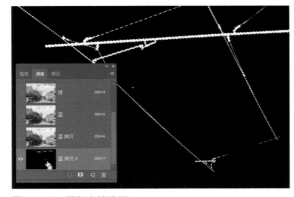

图 5-118　提取电线选区

要消除电线，最后会用到内容识别。为了让内容识别功能更好地工作，需要在选区周围留一些环境样本供其识别。执行菜单"选择 > 修改 > 扩展"进入"扩展选区"对话框。

图 5-119　执行"扩展"命令

所谓扩展选区，就是基于当前选区加粗一圈选择。感觉正如在电线外面包裹了绝缘层。在"扩展选区"对话框，输入扩展量为 12 像素，然后单击"确定"按钮。

图 5-120　输入选区扩展量

那么这个扩展量是有固定的值，还是随便输入呢？我放大了一个电线的局部，大家可以发现，扩展的原则是比电线粗一圈即可，并不必须是固定的数值。根据图片总体像素的多寡，可灵活掌握。

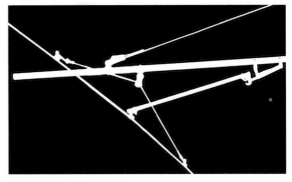

图 5-121　扩展出来的选区

单击通道调板最上层的 RGB 复合通道，画面就从通道状态返回到图片的正常状态。

图 5-122　单击 RGB 复合通道

选择图层调板，可以看到之前建立的选区，已经完全包裹在电线的周围。

图 5-123　电线被包裹式选择

内容识别填充可以理解成一种另类的修补工具。其最大优势为填充时并非纯色，而是分析周围的环境，利用周围近似的像素填补现有选区，因此非常智能。执行"编辑 > 填充"，选择"内容识别"，单击"确定"按钮。

图 5-124　内容识别填充

非常神奇的事情发生了，执行完该命令后，电线突然间不翼而飞，原来电线所在的区域被完美地修补好了。

图 5-125　电线被瞬间消除

接下来就是"打扫战场、收拾残局"了，把不够完美的地方放大后再修补一下。比如横在房子墙面上的一些电线，因为背景过于复杂，所以还是建议单独处理。当然也可以使用内容识别填充，如果处理得不够完美，也可以用仿制图章 🖳 辅助操作。

图 5-126　处理横在墙面上的电线

5.2.5 精细去除较大面积杂物

在处理较大面积的杂物时，"仿制图章"并不是最合适的选择。仿制的次数过多，并且边沿处理不好时，会出现明显的印记，让人一看就是经过图章的修整。推荐的方法当然是基于最少的边沿处理，以及平滑自然的画面融合。

图 5-127　原图，以及右下角局部放大

图 5-128　处理后，以及右下角局部放大

核心技巧

A：修补很大程度上是覆盖遮挡之术，大块遮挡经常胜于图章仿制。

B：修补本身没有难度，但想逼真就不能盲目下手。要重观察讲策略。

较完善的仿制效果，当然是基于针对性的画面分析，以及讲究的细节处理。"请勿触摸"牌子的下半部分远离画面边沿，处理时可以比较随意。而上半部分离红色边沿非常近，因此建议单独处理，以避免相同的、较大的羽化值造成红色边沿不实。

我们的思路是把牌子左侧大块的区域整体复制使其覆盖牌子。先框选牌子，记得周围留出羽化的空间。这样做的好处是方便提取覆盖物的大小，牌子的上半部分单独处理。

图 5-129　框选牌子的大小

这里容易出错所以特别提示一下。将选区往左边移动，如果使用任何选框工具，如"矩形选框工具"，则移动时只会移走选区。而如果使用的是"移动工具"，在移动时，选区和其中的内容会一起移走，初学者要注意这点。

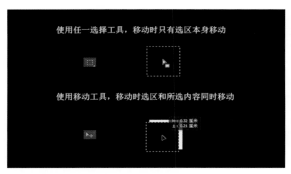

图 5-130　移动选区和移动内容的区别

将选区移动到左侧后，超出了一部分，可按 Alt 键用"矩形选框工具"减选一部分。既然要减选，之前的测量大小是不是就没意思了呢？并非如此，测量只是起辅助作用，做到心中有数即可，总比靠目测盲目地划定区域好。

图 5-131　减选以得到最终遮盖物的大小

执行"选择 > 修改 > 羽化"，羽化半径可以设大些，以便和周围元素更好地融合，这里设"羽化半径"为 8 像素，单击"确定"按钮。

图 5-132　设置遮盖物的羽化值

按 Ctrl+J 组合键将该选区中的内容复制到一个新图层中。红与白的接缝处不平整，可按下 Ctrl+T 组合键顺此趋势调整角度，并通过 4 个方向键的移动将接缝对齐。

图 5-133　调整角度和位置以对齐接缝

一块区域不足以覆盖牌子，按住鼠标左键将该图层拖到"新建"按钮上复制图层。通过"移动工具"将覆盖区域拖曳至合适位置，使用 Ctrl+T 组合键旋转角度，并通过 4 个方向键移动到合适位置。为了掩饰图案的重复感，可以借用水平翻转等各种手法，让画面更自然。

图 5-134　调整第二块遮盖物的角度和位置以对齐接缝

一块覆盖区域不够，两块又有富裕。修补的原则是，尽可能地使用原始图像，修补的区域尽量小。因此建议把多出来的部分删除掉。使用"橡皮擦工具" ，设置"大小"为339像素，"硬度"为0%。

图5-135 设置橡皮擦工具的画笔大小和硬度

注意使用橡皮擦画笔的边沿，在第二个覆盖层上擦拭，而不是用画笔中心。另外，不要擦拭过多的部分，不要将牌子再显露出来。

图5-136 在遮盖物周围进行擦拭

现在处理上半部分的牌子，因为非常靠近墙体边沿，所以操作时要放大视图，操作要非常仔细。使用"矩形选框工具"得到相应选区后，因为牌子本身有角度，所以该选区也要控制一个角度。执行"选择 > 变换选区"命令变换选区的角度 ，注意该命令只对选区本身有效，对其他内容无效。

图5-137 变换选区

将该选区移至左侧，去掉一部分多余区域，然后执行"选择 > 修改 > 羽化"。这次的羽化半径不要设置过大，否则万一超出范围，边沿就会产生不必要的朦胧感，操作就会穿帮。

图5-138 羽化设置较小半径

按Ctrl+J组合键产生一个新图层，将其移到右侧掩盖牌子。如果这次产生的覆盖物不够长，同样可以再进行复制，注意移动的位置要精确地和周围元素自然地融合。

下面遗留的部分用同样的方法处理，有句俗话叫"兔子不吃窝边草"，用在这里也合适，为了让复制痕迹不明显，可远离需覆盖区域。

图5-139 同样方法完成最后的修复

最后，因为画面元素很多是被复制出来的，因此肯定会有不少人为的修复痕迹。本例中就不再讲了，感兴趣的朋友可以看相关章节的内容。

5.2.6 清除以纹路为背景的跨边界杂物

要去除杂物的背景是纯色的，或呈颗粒状时，都比较容易。比较麻烦的情况是背景包含有规则的纹路，比如各种花纹、边框和毛皮。稍微不细心，在仿制过程中就会产生错位和留有人为痕迹。

图 5-140　原图，画面中有杂物

图 5-141　清理后，不再有杂物分散注意力了

核心技巧

A：沿纹路跨边界的修复方法对于消除复杂背景上的杂物非常实用。
B：利用选区对边沿进行保护，可以让修复结果更加精细、完美。

做细致修补时，建议养成在新建的透明图层上做仿制操作，而不在背景层上直接操作的习惯。这样仿制出来的图案方便在后续操作中移动、变换、删除、对比等。单击"创建新图层" 按钮，建立一个空白的透明图层。

需要特别注意的是，选择"仿制图章工具" 后，一定要在其选项栏上将"样本"选为所有图层，否则图章不能跨层进行操作，在单独的透明图层上仿制图案的计划也就失败了。

图 5-142　在新建透明图层上修补

图 5-143　使用所有图层

"仿制图章工具" 📌本身并无技术难度，无非是"一吸一盖"，所谓吸就是取样，盖则是仿制。在哪里取样、在哪里复制、如何取样复制，就有很多技巧了。

垃圾斗的手柄很长，而背景包含了各种线条和边框，如果多次取样，就容易增加错位的几率。因为背景的图案有一定的规律性，只要找准了取样和仿制位置就可以一气呵成。取样时，画笔大小要比垃圾斗的手柄略大。特别关键的是，取样要横跨在边界之上，以边界线条为对准的参考物。选择"仿制图章工具" 📌，按 Alt 键取样后，鼠标指针将出现取样的预览图。

图 5-144 取样后鼠标指针出现预览图

接下来的几个步骤很关键。移动鼠标指针，将预览图对准垃圾斗手柄横跨的边界上。要严丝合缝对准，不要有半分错位，然后按住鼠标左键，可以看到被垃圾斗手柄隔断的边界已经被接上一段了。

图 5-145 将预览图严丝合缝对准

按住鼠标左键，顺着垃圾斗的手柄方向拖曳。不要左右晃动，不要无意扩大仿制范围。

图 5-146 开始沿纹路修复画面

完成上半段的修复后，继续按住鼠标左键，向下拖曳，直到垃圾斗的手柄消失，所有隔断的边界接上，如有不完美的地方也可适当补齐。

图 5-147 垃圾斗的手柄消失

再来修复第二根杂物。观察后发现，此处不适合使用仿制图章来修补。原因很简单，多次取样和仿制容易使边界错位和软化边沿。因此，这里使用"多边形套索工具" 📌在上半部框选一个范围，设置一个较大的羽化半径，并切换到背景图层。

图 5-148 设置较大的羽化

之所以切换到背景图层，是因为按 Ctrl+J 组合键复制局部新层（图层 2）时有物可取，如果在图层 1，该区域其实是透明的，没有像素又如何取样呢？因为此例上大下小的透视关系，需要按 Ctrl+T 组合键进入自由变换状态，在该状态按住 Ctrl 键并移动变形框的 4 个角以适合下部的形状，注意要对准边界。

图 5-149　变换对象以适应新位置

如果融合得还不够完美，可单击"添加图层蒙版"按钮🔲为图层 2 创建一个蒙版，把不需要的部分用柔和的黑色大画笔擦除。

图 5-150　把多余的部分用蒙版刷去

接下来到了最需要技巧的操作。可以看到背景边界的拐角接口处被杂物遮挡。不先急着下手修补，先观察其纹路走向。

我的诀窍是将画面尽可能地放大，然后用基于小画笔的"仿制图章工具"🔳不断仿制并"匍匐前进"。这种位置最忌讳的就是冒进，应竖向修补一点，再横向修补一点。两边往中间慢慢靠拢，直到顺利相接。

图 5-151　拐角接口处较难修复

图 5-152　修复拐角接口处要小心翼翼

接着再介绍一种非常重要的修补方法，我叫它"选区保护边沿法"。经常会有紧贴边沿的杂物出现，如果直接仿制就会出问题。比如本例中，就有可能把图案盖到手上造成穿帮。因此需要精细地用选区框选手，这样再怎么去污也不会伤到手了。

基于选区的特性，只有选区内的对象能进行处理，选区外的都会被保护。这里使用"多边形套索工具"🔳，沿着手的边沿精细地选择。注意并非圈选手部，而是杂物。框选选区比实际需要的区域略大，一是方便取样（选区外不能取样），二是避免仿制时在选区边沿出现痕迹。

另外，要羽化 1 个像素，即便是 1 个像素也是有必要的。放大画面就会到差别，修图要注意细节的过渡，不然锯齿感强。

图 5-153 保护手的边沿记得羽化 1 像素

使用"仿制图章工具"顺着背景的纹路和边界向手的方向仿制,以保证手的边沿没有杂物残留。同样,诀窍也是横竖两方向往中间靠近并连接。可以看到手的边沿细节完全没有被影响。

图 5-154 图章向手的方向拖曳

手下部的杂物也同样的用选区保护法来修补。根据照片的实际情况,羽化值可高出一两像素。

图 5-155 用同样方法完成手下部杂物的掩盖

最后可查看修补后的图层情况和实际效果,每一层都是独立修补相应的杂物,完成之后,背景图层中的源照片完全没有任何损坏和改变。

图 5-156 最终的修补结果

5.2.7 替换对焦不准的蜜蜂眼睛

　　微距摄影中因为极浅的景深，即便足够小的光圈，物体稍微一动就会"逃离"清晰范围。这张蜜蜂的照片就是这样，复眼失焦了。因为太喜欢蜜蜂额头上停靠小虫的造型，我打算恢复它的复眼。在一组照片中，肯定有拍摄成功的，找另一张大小、角度相近的照片，把拍摄失败的部分替换掉即可。

图 5-157　找另一张大小、角度相近的照片替换

图 5-158　已替换掉的复眼

核心技巧

A：重要的是举一反三，合影中的闭眼问题，也可用通过拍多张照片最终合成的方法解决。
B：声东击西法是一种很好的策略，修补的工具简单，却能更好地完成任务。

　　同时打开原来拍虚的照片和另一张完好的照片。使用"矩形选框工具" 框选头部区域并拖曳到另一张照片中。当然，也可以通过复制粘贴达到同样的目的。框选范围大约比蜜蜂的头部大一倍。

　　另外，整张照片通过蒙版也能合成到一起，那为什么只取头部呢？因为自由变换时整张照片的变形控件外框实在太大，不方便操作。

图 5-159　框选并移走头部

　　当前位置是在拍虚复眼的这张图中，新加入的复眼为单独的图层。执行"编辑 > 自由变换"或按 Ctrl+T 组合键。在变换控件上单击鼠标右键，在弹出的菜单中选择"水平翻转"，将新复眼翻转到和原片相同的方向。

图 5-160　水平翻转新复眼图层

仍然处于变换状态，参照原复眼，调整新复眼的大小和角度与原复眼一致。改变大小时，按住 Shift 键约束比例，旋转时，将鼠标指针放在变换控件的外沿。

图 5-161　改变新复眼的大小和角度

调整完毕后，将新复眼叠加在原复眼上面看看是否合适。为了便于对比，可以在"图层"面板将"不透明度"设为 50%，这样就好像"临摹"一般，比较容易对齐。

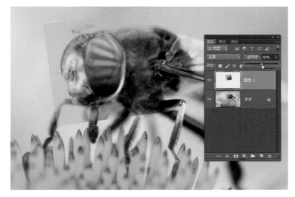

图 5-162　改变新复眼的不透明度

两只复眼即便是大小、角度都适合。但毕竟不是一次拍摄的，形状还是有微小差别。为了两者更加贴合，可执行菜单中的"编辑 > 变换 > 变形"命令。在变形状态下，拖曳变形控件的锚点和控制杆，再借助调整半透明度，更完美地对齐。

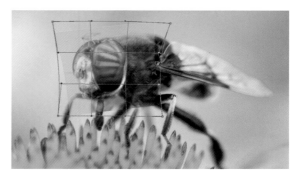

图 5-163　改变新复眼的形状

完成对齐叠加后，在"图层"面板将不透明度设回为 100%。可以看到变换、变形后的效果。注意，一切以复眼为准，其他位置是否对齐并不重要。

图 5-164　恢复新复眼的不透明度

确定当前位置在新复眼所在的"图层 1"。在"图层"面板的下方单击"添加图层蒙版"■按钮，直接添加一个白色的蒙版，白色表示显示全部画面。单击该蒙版，按 Ctrl+I 组合键反相将其转变为黑色蒙版，表示该层不显示任何画面。

图 5-165　为新复眼添加蒙版

在工具箱中，将前景色设为白色，背景色设为黑色。选择工具箱中的"画笔工具" ，在该黑色蒙版上用白色柔边画笔擦拭，过程要小心，尽量放大画面以求细节完美。如果擦拭过程中有失误，可以按 X 键改变画笔颜色，再擦拭回来。

图 5-166　使用画笔涂抹蒙版

擦拭的过程有一个诀窍，我称之为声东击西法。比如保留的是复眼部分，那么通常的理解是两者结合的切口应该是复眼的边沿。但在所有人都能想到的地方做切口，比较容易让人看出来。所以一定要保持复眼边缘的完美，所谓完美，就是完全没有任何修改。而把切口做到远离复眼边缘的位置，比如蜜蜂身上。

图 5-167　已将新复眼合成

在其他的修补案例中也可以用这招，把切口放到远离主体边缘的地方，比如树丛、沙土、石头堆等观察者不太留意的位置，再配合柔性的大画笔做蒙版，以声东击西，转移观众视线。

5.2.8 掩饰修复过的人为痕迹

通过修补类功能达到相应的处理效果其实不难。但由于软件修补的本质并不是凭空创造出像素，而是在现有像素的基础上进行仿制。因此明显的"重复性图案"是人为痕迹的主要起因。

另外，修复画笔直径过小或硬度过软也会造成修复边沿质感缺失。当然，还有可能是一些智能工具过于"聪明"导致的修复痕迹，这些都需要进行掩饰。

图 5-168　原图，虫子构图居中
摄影：李国洋

图 5-169　扩展后，多出画面的重复痕迹被掩饰

核心技巧

修补的技术难度反而是其次。更多会在基本常识和逻辑上出问题。比如自然材质上不要出现重复图案或元素，避免规则几何图案出现。再比如要注意透视和光影，保证明暗、质感和边沿融合等。

首先先营造一个真实的修补场景。然后基于该场景来说明问题。原图应该是为了保留昆虫触角，所以看起来主体构图太过居中了。扩展一部分画面，让昆虫的位置偏向一边。

背景层最初是锁定 🔒 的，如直接扩展的话，多出的部分会以背景色显示。因此双击背景层的 🔒 解锁将该图层变为"图层 0"，再做扩展处理，这样扩展出的背景就是透明像素了。复制该图层，位于下面的原图层将用来充实扩展出来的透明区域。

图 5-170　双击解锁背景层，并复制一份备用

执行"图像 > 画布大小"，我们的目的是向右扩展部分画布，因此首先改变"宽度"，然后改变"定位"。因为要扩展的宽度未知，我们又有很好的方法轻易裁剪多余区域，因此设大约一倍的值，此处不必太严谨。

而定位控件上，由黑点和箭头标示。黑点代表固定不动的区域，箭头代表扩展的趋势和方向。因此要向右扩展，只有让黑点位于反方向的左侧，扩展的方向才会向右。操作完毕后，单击"确定"按钮。

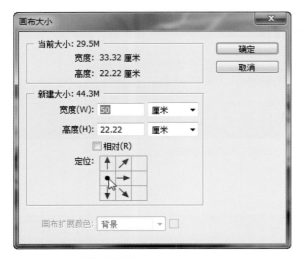

图 5-171　向右扩展画布的大小

按住 Shift 键的同时，将位于下方的"图层 0"向右平行移动，以不暴露虫子的后腿为准，扩展出一截树干。在此过程中，可把上层"图层 0 副本"的不透明度降低予以辅助，完成后可再设回 100%。

图 5-172　将上层不透明度降低，以辅助下层移动

两层的结合处有明显的复制叠加痕迹。要消除这样的痕迹，可选择上层，添加一个白色图层蒙版，通过擦拭蒙版来进一步融合。

图 5-173　为上层添加白色图层蒙版

可考虑使用"渐变工具"，当然也可以用"画笔工具"来编辑蒙版。前景色设为黑色，以两图层完美结合为准进行擦拭。画笔大小和硬度可按具体情况变化，并通过 X 键来控制使用黑色或白色画笔。

图 5-174　用黑色画笔在白色蒙版上擦拭

其实如果不需要细致处理，操作步骤已完成，但这显然不够。正如小说中描述的，在后院埋藏珍宝，填土后必有新土或铁锹痕迹，需设法做旧才妥当。正如图中红框中所示，图案重复性非常明显，人为修复产生的破绽百出。必须打乱这些图案，获得自然随机感才真实。

图 5-177　使用"残损画笔"的效果会更加自然

图 5-175　左右图案重复性明显

手法不限，可用"仿制图章" ![icon] 和选区复制，总之使有重复感的图案变得不同。不但在复制层上修改，也可以在原图上修改。真真假假混搭，虚虚实实并进，才是比较好的策略。

软件默认不会载入太多的画笔笔尖，需要单击画笔预设右上角的 ![icon] 图标，调出相关的菜单，然后在列表中选择需要的画笔笔尖，并追加进来。

图 5-176　将重复图案区别开，增加图案随机性

"残损画笔"的凹凸残角通常都是固定的，这显然还不够自由随机。在仿制纹理或修饰蒙版时，可按 F5 键调出画笔面板，在该面板中使用"翻转 X"和"翻转 Y"来改变笔尖方向。单独或同时使用两者，为操作提供方便。

图 5-178　可追加到面板的画笔种类

这里我提出一个"残损画笔"的概念，也就是残缺、破损、凌乱、随机的意思。为什么笔尖一定要是圆的呢？圆形的仿制边沿很容易穿帮。其实，更趋向自然形态的无规则画笔形状能得到更为真实的效果，建议用这样的笔尖作为图章使用。需要注意的是，使用它的方法是"单击"而不是"拖曳"。

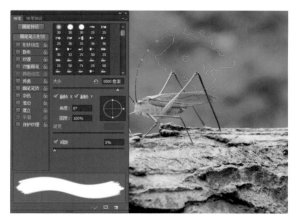

图 5-179　改变"残损画笔"的 X 轴和 Y 轴的方向

进一步调整图案的接缝，查找疏漏的修复痕迹。这主要是一种策略，对工具的使用并无强制性要求，手法也可按情况变化。比如在一些区域，也可以使用变换工具，或者垂直和水平翻转来增加画面的随机性。

之前扩展画布时候，多扩出一部分透明像素。如用裁剪工具处理，显然比较麻烦。这里选择又快捷又精确的手法。执行"编辑 > 裁切"，在"裁切"对话框中选择"透明像素"，问题即可解决。

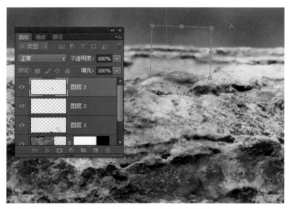

图 5-180　利用变换类工具减少画面修复痕迹

图 5-181　裁剪透明像素

5.2.9 善用"消失点"进行透视修复

普通的修补工具是非常丰富有效的，但面对透视感较强的画面通常会力不从心。当然可以考虑用普通修补加上变换命令协同来达到目的。但操作起来烦琐、透视角度难以掌握。

消失点滤镜，是遵循摄影及绘画透视法的智能工具，用来完成基于透视的修复、复制和描绘快速有效。

图 5-182　修复前，路灯的杆和影子
打破了画面曲线的连贯

图 5-183　修复后，路灯的杆和影子消失不见

核心技巧

针对原片，需要分三大步来修掉路灯杆和其影子。

A：首先是地面上的影子，在不破坏地砖结构和边线的前提下快速修掉。

B：然后是护栏连接处，在改进修复方法后，将路灯杆与护栏分离。

C：最后是钢缆部分，自动的手法难以胜任，使用手动方法修复。

◆ 基于透视平面的图案修复

要修复区域已用红框标出，顺序从下至上，先修复地面。在执行"消失点"命令之前，建议将处理结果放在独立的新图层中。这样不但可以保护原图，还能够自由控制该独立图层的位置、大小和其他属性。

图5-184 需要修复的目标区域用红线框出

执行"滤镜 > 消失点"进入"消失点"对话框。左侧为常用工具，选择某工具后，其选项会显示在对话框的顶部。工具的用法与软件主工具箱中的雷同，只是操作对象是基于透视的而已。只有定义了与图像中的透视对应的矩形平面之后，才能进一步编辑。选择左侧第二个创建平面工具 开始设置角节点。

图5-185 消失点对话框的主要工具

要建立4个角节点，其外框和网格尽量与图像中的纹理和图案对齐，这样能更准确地匹配图像的透视。地砖的图案近大远小，极具透视感，节点就按此结构设置。添加节点时，如果该节点设置出错，可按 Back Space 组合键来删除此节点。把握全局，精确放置节点，需要在大小视图间切换。因此，需临时缩放画面时，可按 X 键循环变化。

图5-186 该图显示的蓝线为正要设置第4个节点

设置完 4 个节点后会产生蓝色的平面透视网格。该平面的精确度非常重要，决定了修复后地砖的接缝是否完美对齐。因此如果你认为不够精确，可使用"编辑平面工具" 拖曳节点来调整其位置、大小，以便其与图像中的元素对齐。网格的边沿可设在两侧阴影当中，这样利于隐藏修复痕迹。这里单独把蓝色透视网格提取出来展示，因为在纯色背景的衬托下会更方便观察。

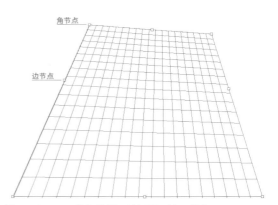

图 5-187-A　已铺设好的蓝色透视网格

图 5-187-B　纯色背景下的透视网格和节点

正确设置透视平面后，其外框和网格通常会是蓝色的，否则会呈现红色或黄色。红色表示无法计算平面的长宽比，而黄色表示无法解析个别消失点。遇到这类问题可使用"编辑平面工具" 移动角节点与画面元素精确对齐，外框和网格将会变回蓝色。

图 5-188-A　无法计算平面的长宽比 - 红色

图 5-188-B　无法解析个别消失点 - 黄色

在左侧工具箱中选择"图章工具" ，注意是"消失点"对话框中的图章工具。对话框上端出现相关选项，修改其直径和硬度，不透明度保持原样。"修复"设为"关"，其实"修复"下拉列表中是两种混合模式，关的意思就是不与原始图像智能混合。从经验上来讲，修复像地砖这样规则的图案时，不如循规蹈矩些，智能混合很容易添乱。

图 5-189　设置消失点图章的选项参数

仿制地砖这样规则的图案，反而比杂乱的土地要求更高，因为稍不留神，纹路和边线对不准就穿帮了。经验很重要，关键是在哪里取样。答案是四砖相连的十字交叉处，正如射击之准星一样，对准了这个才能精确仿制。按Alt键在红框处单击取样，移至绿框位置，瞄准该处十字交叉，进行覆盖。

图5-190　仿制源和仿制目标的建议位置

这里要说明一个关键点，就是此图章与普通图章有何不同。取样后鼠标指针上会有仿制预览，为了明显起见，我把鼠标指针移到左侧黑色阴影处，上下移动可观察到细节变化。指针预览移到近处时预览变大，移到远处时预览变小，那么仿制出来的图案也将遵循此透视原则。

图5-191-A　仿制源预览表现"近大"　　图5-191-B　仿制源预览表现"远小"

知道该图案的工作方式后，就以十字交叉处为基准，向周围进行扩展式仿制，软件会自动判断近大远小的透视变化。仿制时，应尽量按住鼠标左键一气呵成，因为以经验上来讲，如再次取样很难和上次准确对应。如过程中出现问题，宁愿撤销重

新再来，也不要断断续续造成仿制结果参差不齐。如遇少许不完美的地方，可再进行细节处理。

图5-192　通过仿制去除地砖上的阴影

仿制完成后，地砖上的影子已按预想的结果被消除了。不过因为光线或取样点的原因，红框部分的地砖颜色有些深，看起来会有些突兀。确定修复结果后退出到软件主界面。

图5-193　红线标出地砖上颜色较暗的部分区域

按照刚刚红框的范围指示，用"套索工具" 将其框选，并羽化该选区。单击"图层"面板下方的"创建新的填充与调整图层"按钮 ，在弹出的菜单中选择"曲线"，"图层"面板出现一个带蒙版的曲线调整图层。

图5-194　添加曲线调整图层并编辑其自带蒙版

在"曲线"的属性面板中，按住鼠标左键
向上拖动曲线提高画面亮度，可以看到中间较
暗的地方已经被自然提亮。如果刚才选择的区
域有不完美的地方，可以选择调整图层上自带
的蒙版，然后使用"画笔工具" 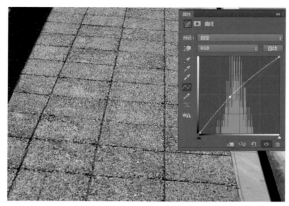在照片上以
黑白色擦拭以修正。

图 5-195　调亮地砖较暗区域

◆ **使用"消失点"选框隔离元素**

路灯杆与护栏相接，错误的修复方法通常
是先修灯杆。其实这并非巧妙的思路。最困难
的是连接处，只要将路灯杆与护栏两者隔离，
其他都是小问题。

执行"滤镜 > 消失点"，使用"创建平面
工具" 按照护栏的透视关系建立一个平面。
这次换一种方法，选择"消失点"对话框中的"选
框工具" 建立一个透视选区，再用选区覆盖
法去除元素。这里有两个原则，一是在近大远
小的透视关系中，尽量在大的一边取样，以减
少像素的损失；二是在可取样区域较小的前提
下，不要试图一次把路灯杆全部覆盖，而是通
过多步完成。

图 5-196　在透视网格里添加选区

刚才说了，可取样区域较小，所谓"一口
吃不成胖子"。先选取一小部分区域，在按住
Alt 键的同时，按住鼠标左键拖曳复制，注意放
置时和护栏边沿严格对齐。

正所谓步步为营，当修复一部分后，我们
的可取样区域自然会增大，这样回旋的余地就
大多了。这正如三国时期刘备借荆州一样，起
码要有个"落脚的地方"。有了取样的地方，
再说下一步的扩展，否则将无处下手。

图 5-197　复制选区内容并对齐遮盖

继续用同样的方法，完全把护栏和路灯杆隔离，但很可能会遇到透视出错的问题。解决的方法是选择"消失点"对话框中的"变换工具" ▦ 对该选区进行编辑，如扭曲、旋转等，这样仿制的区域就可以完全受控制了。

图 5-198　可用变换工具调整选区内容并对齐

可以先宏观地看一下已完成的结果，做到心中有数。主要观察地砖部分和护栏已隔离部分的修复结果，并做更完善地调整。

图 5-199　阶段性修复的结果

◆ **手动方法解决透视修补问题**

上边钢缆部分图案明显较复杂，而且左侧用来仿制的取样区域几乎没有。因此只好委曲求全，手动仿制，而不用"消失点滤镜"，并且从右侧细钢缆的部分取样。在主界面使用"矩形选框工具" ▦ 绘制一个足够覆盖路灯杆的区域并且无需羽化。按 Ctrl+J 组合键将此区域复制到一个新图层中。

图 5-200　建立一个选区作为样本

执行"编辑 > 变换 > 扭曲"，按住鼠标左键拖曳控制框移动，并改变各角点位置，以使其形状和图案与整体纹路连贯。只要主体贴合即可，如边沿有不对照的细微处，可即刻用蒙版融合。变换到位后，按 Enter 键确定操作。

图 5-201　复制并变换遮盖物

为该层添加一个图层蒙版 ▣，确定前景色为黑色。使用"画笔工具" ✎ 在蒙版上擦拭，一定要放大图像，操作要非常细致，以确保其纹路精确贴合。

如果擦拭蒙版后，纹路还不够吻合怎么办？

当然，也可以新建一层，用"仿制图章工具"  将不够完美的线条对接上，那就需要更细致的操作了。

图 5-202　建立蒙版将遮盖物与原画面融合

然后就是边沿隔离，这更需要细致的操作。可使用选区保护边沿不受损，这样画笔就不会画出范围。

图 5-203　保护并隔离边缘

可以看到，隔离工作已完成。路灯杆已脱离了主体边沿，到了可以随意修复的安全范围了。创建新图层 ，使用"仿制图章工具" ，在其选项栏的"样本"列表中选择所有图层，按 Alt 键对天空和树木取样，轻松完成最后的工作。

图 5-204　进行最后的清理工作

第 6 章
重创意

6.1 叠加多样的光晕效果

　　其实在照片上叠加镜头光晕就是执行一个滤镜这么简单。那么本例存在的意义又何在呢？一是讲述关于外挂滤镜的内容，二是演示关于智能对象（滤镜）的优势和用法。了解这些实用的功能，在遇到相关的问题时就可以迎刃而解了。

图6-1　长城　摄影：孙先锋

图6-2　添加镜头光晕后的长城

核心技巧

　　过于直接了当地使用某功能，往往会给后面的操作、修改留下"后遗症"。因此在添加效果之前考虑周全的环境非常重要。这样的环境的主要特征就是利于反复编辑修改、不会伤害到原始照片，易于进行效果对比等。

　　添加镜头光晕是个非常简单的操作，只需要打开照片，然后执行菜单"滤镜＞渲染＞镜头光晕"即可。但过于简单获得的效果往往都留有些许遗憾，比如可选的样式太少，预览缩图太小，不方便反复修改等。我希望得到更多的光晕样式，希望添加的光晕效果要随时无损修改，所以现有的这种方法无法满足我的需求。

图6-3　软件自带的镜头光晕滤镜

首先，将滤镜直接应用在原始照片之上并不是一个很好的习惯，一是损失了照片的原图，二是因为已经和原图融合在了一起，想修改就只能重新再来。因此先打开"图层"面板，建立一个新的空白透明图层，然后通过"编辑 > 填充"命令把该层填充成纯黑色。

图6-4-A　建立透明图层　　　图6-4-B　将新图层填充为黑色

纯黑色的图层是为了独立放置滤镜效果，它可以使用"混合模式"完全过滤掉，表面看上去附加在上面的效果就如同直接添加在背景图层上的效果一样。选择黑色图层，将其"混合模式"设置为滤色。可以发现该黑色图层"消失"了，但它作为一个图层的功能还在，只是表面上看不到了而已。

图6-5　使用混合模式过滤掉黑色图层

光使用黑色图层还远远不够，那只能在单独的图层上删减效果，但并不能随时回到滤镜对话框无损失改变滤镜参数。想做到这一点，就需要把这个黑色图层转换为智能对象。转换

最重要的好处就是可以让普通滤镜具有神奇的非破坏性，能够反复回到原始对话框改变参数设置。

图6-6　转换为智能对象

另外，使用 Photoshop 的一大好处就是其可扩展性。比如如果对软件自带的镜头光晕不满意，可以在网上寻找和下载更好的第三方插件。插件通常可按照正常软件的安装方式来安装，安装并重新启动软件后会出现在滤镜菜单的最下方。而硬盘上的位置一般会在 Photoshop 安装目录下面一个叫 Plug-ins 的子目录中。

这里我安装了一个非常好用的光晕生成插件 Knoll Light Factory，安装后可以在滤镜菜单的最下方执行该滤镜。

图6-7　已安装的外挂滤镜

执行菜单"滤镜 > Knoll Software> Knoll Light Factory"进入光晕滤镜的对话框。左侧排列了数十种光晕效果，比 Photoshop 自带的光晕要多出数倍，在最右侧的列表中可以单独打开或关闭某个光晕中包含的组成元素。中间是效果预览框，但因为使用了单独的黑色图层，所以默认是黑底的，并没有和真正的背景照片融合。

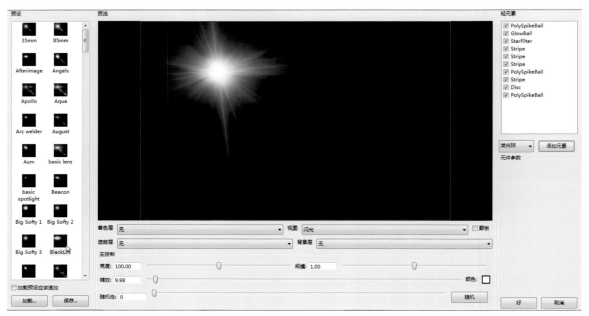

图 6-8　"添加光晕"对话框

解决不显示原照片叠加效果的方法很简单。在效果预览的下边有一个"背景层"列表，里面列出了各层的名称。选择背景即可，这样光晕就直接和照片结合在了一起。

将光标放在预览图上并单击，可改变光晕的整体位置。按住鼠标左键在预览图上拖曳，则可改变光晕的样式和所影响的范围。

图 6-9　使背景显示出来与光晕结合

图 6-10　改变光晕的样式和影响范围

完成后的黑色图层有些特别，下面还挂着一个带蒙版的智能滤镜。智能滤镜下显示了刚刚执行的 Knoll Light Factory 滤镜。智能滤镜下可以挂接多种滤镜，单击前面的"小眼睛"来临时关闭或打开某一个滤镜效果，也可以单击智能滤镜前面的"小眼睛"将所有的滤镜效果关闭或打开。在使用多种滤镜的前提下，还可以改变滤镜的上下顺序，以更换不同的叠加效果。

图 6-11　已生成的智能滤镜

如果对当前的滤镜效果不满意，直接双击滤镜名称即可回到原来的对话框进行设置。为了避免歧义，还有一种方法值得推荐，就是在滤镜上单击鼠标右键，在菜单中选择"编辑智能滤镜"也能达到同样的效果。

图 6-12　右键选择编辑智能滤镜

通过双击或调出右键菜单的方法，都可以重新回到相应滤镜的编辑状态。为了明显起见，我换了一个光晕样式并改变了位置，然后再次确定效果。

图 6-13　重新换了光晕样式和位置

除了可以编辑智能滤镜，还可以双击滤镜名的不同位置来改变其混合选项。当然同样为了避免歧义，这里使用菜单的方法。在滤镜上单击鼠标右键，选择"编辑智能滤镜混合选项"。

图 6-14　编辑智能滤镜混合选项

这样就可以进入当前滤镜的混合选项编辑状态。在该对话框，可以改变滤镜与下层的混合模式，以及不透明度。当然本例并不需要这样的效果，这里只是展示。

图 6-15　编辑混合选项的不透明度

最重要的一点，就是智能滤镜自带蒙版。这就意味着滤镜产生的视觉效果，可以任意截取其中一部分。比如这里用"渐变工具"■，基于线性渐变在蒙版上拖曳，结果是遮挡住了光晕的下半截光芒。

图 6-16　编辑智能滤镜的蒙版

最终制作的效果相对比较夸张，主要是希望产生更明显的对比。其实我是添加了两款光晕效果，然后分别用智能滤镜所带的蒙版遮挡了一部分，使它们结合在了一起，具体效果可参考节首的对比图。

6.2风景如画画成真

摄影常从绘画中汲取营养，绘画也常以摄影作品为原始素材。能达到画家登峰造极之手法的毕竟是少数人，而通过后期处理快速、逼真地实现绘画效果却是人人都可以做到的。与以往不同，无需多滤镜的复杂叠加，只要用 Photoshop CS6（或 CC），以及更新版本提供的"油画滤镜"，就可以轻松实现。

图 6-17　风景如画　摄影：赵大力

图 6-18　处理成油画后全局和放大后的细节展示效果

核心技巧

艺术不该是有局限的，不要太介意参数的对与错。不断尝试并用自己的审美，创作出首先能够愉悦自己的视觉效果。

选材非常重要，风景如画、色彩丰富的摄影作品会使转换后的油画效果更逼真。油画色彩丰富，立体质感强，能长期保持光泽，是西洋画的主要画种之一，而软件所模拟的正是油画的这些特色。

如果直接在图片上添加此滤镜，因画面构成的复杂性，很难观察到每个选项都起什么作用。这里我新建了一个纯白图层，执行"滤镜＞油画"，再拖曳设置右侧各项参数，可以非常清楚地预览其效果，这是个非常好的学习诀窍。

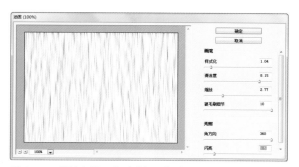

图6-19　以纯白图层来测试各项参数产生的效果

通过用"白纸"进行测试，可以了解这些选项大多是对油画的肌理加以模仿，控制画面细腻和粗糙的质感，以及光照的效果。主要分为两部分：画笔和光照。这里换上真正的素材，再次执行"滤镜＞油画"，在默认参数的基础上，改变"样式化"和"闪亮"的值。

图6-20　为油画效果设置画笔和光照值

只是非常简单的设置，就得到了对比图中展示的油画效果，这里只显示放大到100%的局部画面。油画通常是用快干性的植物油调和颜料，在亚麻布、纸板或木板上创作而成。可以看出，软件制作后，油画的这些特征得到了比较让人信服的体现。

图6-21　油画效果的局部纹理

这里说说我对油画效果对话框中右侧6个参数设置的体验感受，先说画笔部分。"样式化"倾向于作品是趋向于严谨写实，还是随性写意。后者明显是更具有印象派效果的绘画品质，笔触化为柔和的"丝带"，如潺潺流水般顺滑。

图6-22-A　样式化值小，普通风格　　图6-22-B　样式化值大，印象派风格

"清洁度"可以理解为画面肌理的复杂程度或细节的丰富程度。向右调整，画面对比度下降，构成越来越简洁，逐渐呈现色块化。

图 6-25-A　硬毛刷细节小　　图 6-25-B　硬毛刷细节大

图 6-23-A　清洁度值小　　图 6-23-B　清洁度值大呈现色块化

"缩放"主要控制在画面中添加块状的内斜面浮雕纹理的大小。当该值向右设置到足够大时，可以看到明显的"立体瓷砖"般的内斜面浮雕纹理。

图 6-26-A　光照方向在对象一侧　　图 6-26-B　光照方向在对象另一侧

"闪亮"主要控制光照的软硬和强弱，并同时表现为对斜面深度的掌握。同样，这里把"缩放"的值设得较大以配合展示。

图 6-24-A　缩放值小　　图 6-24-B　缩放值大

"硬毛刷细节"用来为画面添加噪点和颗粒感，值越大效果越明显。该项只有画面放大到 100% 或更大显示比例时，才能更加清晰地呈现。

再说光照部分，为了明显起见，我把"缩放"值设得较大以配合展示，这样光照的方向和力度可以比较明显地体现。"角方向"是指光照角度和方向。众所周知，光线照射的角度和方向决定对象立体感的呈现，在对比图中可以明显看出这一点。

图 6-27-A　闪亮值小　　图 6-27-B　闪亮值大

单项本身的表现力也深受其他项的影响，通过各项的配合变化会产生丰富多样的绘画效果，可为温文尔雅的恬淡风格，也可为天马行空的印象派作品，这里展示了两幅不同参数的 100% 局部画面，供大家参考。

图 6-28-A 普通油画风格，样式化值小，缩放小，适量颗粒感，闪亮值较小

图 6-28-B 印象派油画风格，样式化值大，缩放较大，颗粒感少，闪亮值较大

6.3 创意炫彩效果

　　有不少手机后期处理软件都提供一些炫彩效果可供选择，使用起来非常快捷高效。但也存在一些问题需要解决。比如都是模板化的固定设计，自由度有限，使用后容易跟别人"撞衫"。另外，对于大尺寸、高分辨率的照片驾驭不了等。本例就介绍如何设计出个性化的炫彩效果。

图 6-29　原图　模特：徐莉

图 6-30　完成后的甜圈炫彩边框

核心技巧

　　A：做散布画笔这一类的效果，每个笔尖元素一定要简洁，散布的数量一定要稀疏，否则容易喧宾夺主。

　　B：画笔面板中的参数非常多，变化相当丰富，这其实是个无限搭配的宝藏。平时要多尝试，各项参数都进行混搭，这要比看说明书管用得多。

我个人通常不喜欢把效果直接应用在原始照片之上，因为这会严重损坏原始照片，并且想单独修改效果非常不方便。因此在"图层"面板，先新建一个空白的透明图层，然后通过"编辑 > 填充"命令把该层填充为纯黑色。

图6-31-A　新建透明图层

图6-31-B　填充新图层为黑色

填充成纯黑色的好处很多，一是可以使用"混合模式"把黑色完全过滤掉，这样附加在上面的效果就如同直接添加在了背景图层上的效果一样。另外，如果在过程中想比较效果的原始面貌，在黑背景上也更加明显并免于干扰。这里选中这个黑色图层，然后将其"混合模式"设置为滤色。可以发现该黑色层完全"消失"了，但只是表面上看不见了，承载效果的功能还在。

图6-32　选择混合模式为滤色

在工具箱中选择"画笔工具"，在界面上方的选项栏打开画笔选项，可以看到软件已经提供了一些基本的画笔，比如草、叶子等。如果这里没有我们需要的画笔样式，还可以添加更多的画笔。方法是在右上角单击"更多选项"按钮，在弹出的菜单中提供了更多软件自带的画笔样式可供选择。这里选择"混合画笔"，当然每个人的选择会不同。

图6-33　可添加混合画笔的菜单

随之会出现一个提示框，问是否用混合画笔中的画笔替换当前的画笔。如果直接单击"确定"按钮，刚才的列表中就只有这组混合画笔了，默认的画笔会不可见。因此，一般我会选择追加，把这组新的混合画笔添加到默认画笔的后面。

图6-34　追加混合画笔提示

在画笔的列表中出现了更多的新画笔样式，用同样的方法还可以追加更多的画笔样式，这里就不重复演示了。本例中在新追加的画笔样式中，找到一个名为"同心圆"的样式，选择它的原因当然是形状简单。可用的样式当然很多，但在选择时一定注意要和原照片的风格匹配。除了从软件自带的画笔中添加外，还可以在网上下载第三方创作的样式，或者自己定义一个样式。

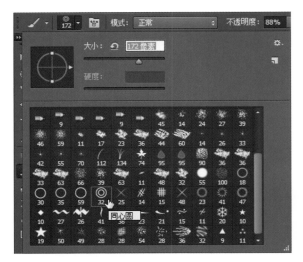

图 6-35　选择同心圆画笔

执行"窗口＞画笔"或按 F5 键调出"画笔"面板。这是让一个简单的同心圆变得丰富的最重要的面板。在默认的画笔笔尖形状这一页，主要是设置画笔同心圆的"大小"和"间距"，而"角度"和"圆度"本例中不做改变。需要特别注意的是，所谓画笔绘制出的线条，其实是无数的画笔笔尖连起来的，理解了这一点学习就不难了。

面板的最下方有一个预览框，可实时查看改变后的效果。当然设置好后，可以尝试在照片上绘制。因为对话框提供的预览是有局限的，比如大到一定程度不显示、颜色不显示等。

图 6-36　设置画笔的大小和间距

尝试过后，记得按 Ctrl+Z 组合键回退，然后再继续新的设置。选择形状动态，注意不光是勾选，而是选择这一行并使其变蓝，这样右侧才会出现相应的设置页面。这一页主要的设置项就是大小抖动，抖动其实就是画笔在绘制过程中大小起伏变化的意思，或者说是动态元素的随机性。图形绘制出来，每一个笔尖有大有小，而"最小直径"这一项是限制直径的下限。在照片上绘制后，可以看到这一步设置完成后效果的改变。

图 6-37　设置画笔的形状动态

接下来设置"散布"。散布指图形的线条并不是按照径直的轨迹，而是呈现随机分散的样式，"散布"的值设置得越高越分散。这种感觉与将手中的石子随手丢到地上产生的效果相同。

另外，"数量"这一项很关键，要将其设置得极小，比如 2，甚至 1，否则在照片中绘制出来的图形太稠密了。而数量抖动当然还是指随机变化，有些方向稀疏，有些方向相对稠密。

图 6-38　设置散布的参数

"纹理"和"双重画笔"本例用不上，所以直接设置"颜色动态"。前景／背景抖动是指当前设置的前景色和背景色之间的过渡变化，如画笔颜色从蓝过渡到红。而色相、饱和度、亮度等抖动，主要控制绘制出来的效果是否缤纷多彩，是否有鲜艳、有恬淡，是否有明、有暗等。当然了，都有中间的过渡效果。

色彩艳丽，间隔疏密有致，形状大小不一，层次丰富，这些都通过"画笔"面板的设置实现了。但是总希望效果更好，比如添加动感效果。执行菜单"滤镜 > 模糊 > 径向模糊"，将力量设置"数量"值，"模糊方法"选择"旋转"，"品质"选择"最好"，并稍微改变中心模糊的中心位置。

图6-39　设置颜色动态的参数

图6-41　径向模糊滤镜对话框

五颜六色的同心圆当然效果不错，但未免抢了照片本身的风头，并且感觉这些同心圆层次也不够丰富，如果能有虚有实就更好了，想要达到这个效果就需要"传递"这一项。该项主要是不透明度和流量的抖动。设置后再绘制出来的效果就不那么抢眼，并且有实有虚、层次丰富了。最后的边框绘制很重要，因为散布效果的影响力很强，所以要沿着照片边沿绘制，避免画到模特面部或身上。

可以看到执行后的最终效果充满了动感，当然也可以尝试修改其他参数以达到更丰富的结果。需要注意的是，之前所做的一切都是在黑色的新图层上操作，原始的照片没有受到任何损害。

图6-42　最终的动态甜圈炫彩效果

图6-40　设置传递的参数

6.4 模拟慢门瀑布雾化效果

　　在拍摄瀑布这类题材时，摄影师们更喜欢利用慢门来拍出水流柔美的雾化拉丝效果。要达到足够慢的快门速度，通常选择在清晨或傍晚光线较暗时，或使用中灰镜来拖慢快门。当然还需要相当稳固的三脚架来支撑。本节改变一下思路，用后期处理来模拟类似的效果。

图 6-43　抓拍飞溅的水流　摄影：黄海波

图 6-44　处理后，水流呈现柔美的雾化拉丝效果

核心技巧

　　技术可以很老套，但想法要有创新。"动感模糊滤镜"源于摄影中慢门产生的效果。因此从这个角度来理解，很多通过慢门才能实现的画面，都可以用动感模糊来重新演绎。

　　使用"多边形套索工具" ![icon] 选择一部分瀑布。这里要注意两点，第一，不要为了省事笼统地选择所有瀑布，那样中间的石头部分也会一起产生动感，这是我们不希望看到的；第二，因为动感效果只能是直线，因此拐弯处的水流要单独处理，在第一次选择中不要框选。

图 6-45　选择单股瀑布，不包含拐弯处

观察选区的下半部分，已呈现白雾状的水流时就不要再选择了。另外，选择时记得绕过石头，选择内容不要贪多。

图 6-46　选区的下半部分，不包含岩石

执行"选择 > 修改 > 羽化"，设置"羽化半径"为 28，这个值可以设得相对比较大，以便于和周围的环境无缝融合。

图 6-47　设置一个较大的羽化半径

执行"滤镜 > 模糊 > 动感模糊"，在"动感模糊"对话框中，"角度"可用来控制水流的方向，"距离"可控制动感的程度。距离类似控制摄影时的快门速度，该项设置得越大，相当于快门越慢，拉丝状越明显。

旋转水流的角度到一个比较自然的方向，设置其距离为适当的像素值。其中角度需要比较精准，而距离可按照需求自由发挥。

图 6-48　进入"动感模糊"对话框

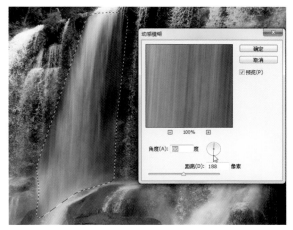

图 6-49　设置动感模糊的角度与距离

水流拐弯处是处理的重点，要有自然流淌的坡度才会显得更真实。建议把这部分放在单独的图层上，这样便于控制其弯曲程度。选择该区域后，按 Ctrl+J 组合键可复制该图层，产生图层 1。

图 6-50　选取瀑布的拐弯部分

因为该水流拐弯的区域面积较小，因此在羽化时要适量，也就是比之前的值要小，否则软件会提示没有那么多的像素可用。

图 6-51　设置较小的羽化半径

再次执行"滤镜 > 模糊 > 动感模糊"，在"动感模糊"对话框中，重新设置"角度"和"距离"。角度拐弯处的大致方向相同，而距离应设置得较小，同样是因为该区域面积有限。

图 6-52　设置拐弯部分的动感模糊参数

动感模糊的效果是直线，因此需要做出一个弯度。因为这是一个单独的图层，所以可以直接执行"编辑 > 变换 > 变形"，执行后会在该区域周围产生一个封套，其上的角点、控制杆，甚至整体线条都可以拖曳，能够很直观地将该区域变形为合适的弯度。

图 6-53　对拐弯部分的水流进行变形

变形完成后，进一步将弯曲和直线的两部分瀑布融合在一起，因此需要在该图层添加一个白色的图层蒙版。

图 6-54　为图层 1 添加白色蒙版

将前景色设为黑色，用较大笔尖，"硬度"为 0 的柔画笔在白色蒙版上擦拭，将两股水流进一步融合在一起。

图 6-55　用黑色画笔在蒙版上擦拭边缘

如果认为过渡还不够自然，可再次复制图层 1，将该副本图层继续变形扭曲，并可尝试修改其不透明度，与之前的部分贴合得更紧密自然，方法基本与之前一样。

图 6-56　变形以求融合得更好

因为弯曲部分的水流图层叠加太多，看起来有些厚重了，为了上下统一，可将图层1副本再次复制生成"图层1副本2"图层，用和上面同样的方法建立图层蒙版 ▣ 将其融合到下层的瀑布中。然后按Ctrl+T组合键将该层向垂直方向拉长覆盖在下半部的瀑布上，修改其不透明度以进一步融合。

图6-57　拉伸新图层副本以使上下平衡

制作的原则和之前一样，用"多边形套索工具" ▣ 选中另一股瀑布进行动感模糊操作。要灵活机变，按照选区的大小和水流的方向来确定羽化值、角度和距离。

图6-58　对另一股瀑布增加动感效果

从上至下，由于石头阻隔等多种原因，水流会有不同的走向。注意到这一点，在制作时就可用变形加蒙版的方法，对拐弯处进行单独处理。不必苛求一次成形，可采取不断修改蒙版和变形图层的方法逐渐接近目标。多股瀑布的修改就不一一介绍了，方法同上。

图6-59　对水流拐弯处的处理要格外小心和细致

6.5 替换蓝天白云并控制白边

在城市的天空中看到纯净的蓝天白云，已经变成一件奢侈的事了。因此对于拍摄房产外景来说，最困难的已不再是技术和艺术，而是天公是否作美。或者还有一种选择，就是随时合成出来。

图6-60　原照天空没有任何细节

图6-61　合成蓝天白云后的效果

核心技巧

A：改变色彩范围使房屋和天空的边界尽量黑白分明，是追求的最终目标。
B：蒙版边缘多个参数的配合，可以方便地去除大部分的白边。
C：合适硬度和不透明度的画笔，可将树叶更自然地与背景融为一体。

要替换天空，先要将天空框选出来，这里使用色彩范围的方法。执行"选择 > 色彩范围"进入"色彩范围"对话框。对话框的右侧有三个吸管，其中"吸管工具" 用来取样要创建选区的颜色。取样可在对话框黑白预览上进行，也可以直接在照片上进行。这里单击天空部分，可以看到，在预览中天空和房屋已黑白分离。

图6-62　吸取要选择的天空

其他两个吸管分别为"添加到取样"![icon]，作用是将少选的区域加入；"从取样中减去"![icon]，将多选的区域减掉。在黑白预览图上加减区域的目的是更精确地分离黑白两色。

图6-63　加选和减选颜色范围

在此过程中，可用"颜色容差"来辅助。容差是指区域选定的范围，是严格苛刻地限制，还是比较宽松地纳入更多的颜色区域。这个度需要灵活掌握，框选区域的范围对是否产生精致的选区起到重要的作用。总之，将房屋和天空的边界尽量调整至黑白分明，甚至可以调整至绝对的黑白分明，是追求的最终目标。

图6-64　控制合适的容差

在对话框的下方，有选区预览功能，用来通过多种方式查看选区的范围是否令你满意。其中快速蒙版的展示方式是一层红膜。

图6-65　以快速蒙版方式查看选区

确定后，选区就生成了，周围闪烁的虚线被称为"蚂蚁线"，正如排着长队的蚂蚁在搬运货物。

图6-66　已生成的选区

房屋的选区建立好后，如果已打开蓝天白云文件，单击选项卡切换至该文件。按 Ctrl+A 组合键全选整个素材，而后按 Ctrl+C 组合键复制。该操作完成后并无任何反应，其实该素材已存入系统剪贴板中。

在日常的拍摄过程中，要慢慢习惯既拍摄作品，也拍摄素材。可选择雨后的晴朗天气，或人迹罕至的地区积累比较通透的蓝天白云素材以备用。

图6-67　复制蓝天白云以备用

　　回到房屋图层上执行菜单"编辑 > 选择性粘贴 > 贴入"。刚才已在剪贴板中的蓝天白云即被贴入刚才用色彩范围建立的天空选区中，同时在"图层"面板建立相应的蒙版。基本上已大功告成，但还有些不足之处需进一步完善。部分房檐出现白边，这在抠图的操作中是很难完全避免的。

图6-68　成功贴入蓝天白云，但有白边

　　我一直推荐用"调整边缘"命令 调整边缘... 控制选区，其实它还有一个"孪生兄弟"，叫"蒙版边缘" 蒙版边缘... 。其选项相同，只是针对蒙版而不是选区。双击刚才自动生成的蓝天白云图层右侧的蒙版，弹出属性面板。单击该面板下方的"蒙版边缘" 蒙版边缘... 按钮。

　　进入"调整蒙版"对话框，先选择一种视图查看的方式。每个人的习惯不同，这里选择背景图层方式。当然也可以随时切换到其他方式，从而比较调整效果。

图6-69　蒙版边沿的位置

图6-70　选择视图查看的模式

　　将"平滑"设为 +50，使边沿光滑不生硬，进而消除锯齿感。"羽化"设为 +0.8 像素，使边缘柔和，与周围环境融洽过渡。"移动边缘"设为 +100，直接切掉大部分的白边，也就是起到收缩选区的作用。有了平滑和羽化的辅助，即便移动边沿直接裁剪，也不会和周围环境产生突兀的感觉。

图6-71　设置去除白边的参数

在对话框下部的"输出到"列表中,选择"图层蒙版",使修改后的结果直接反映到原来的蒙版上,覆盖之前的蒙版效果,而非重新建立。

图 6-72　设置输出的方式

这样快捷地清除白边当然非常有效。但一切过于自动化,多半会留下不足之处。有些半透明或浅色的区域也被一起清除出了选区,比如路灯的局部。选择蒙版,在按住 Alt 键的同时,单击蒙版图标进入黑白的大视图编辑状态,使用"画笔工具" ✎把路灯和其他漏掉的区域涂黑。用同样的方式在按住 Alt 键的同时,单击蒙版图标可以回到正常状态。

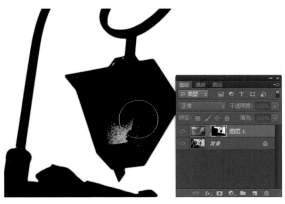

图 6-73　进一步完善蒙版

还有一些细节,如要苛求精益求精,就需要用"画笔工具" ✎继续精细编辑蒙版。可适当调整画笔的"柔和边缘""大小"和"不透明度"来与周边融合。

图 6-74　修饰残余白边

在照片的右下角,有一丛树叶问题比较严重。虽然我们已经使用了多种手段,但仍然不能很好地将其和周围画面融合到位。

图 6-75　树叶部分与背景融合非常差

解决的妙招就是善用"画笔工具" ✎的"硬度"和"不透明度"。先使用小画笔控制适当硬度,对遗留的白边进行精修。然后使用较大画笔,用 15%~30% 的不透明度,在蒙版的树叶位置上反复单击,直到树叶半透明地与蓝天白云融为一体。

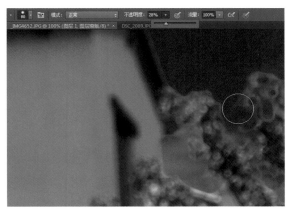

图 6-76　树叶部分与背景基本融合

6.6 趣味填充照片墙

照片墙是比较有趣的效果，但常见的都是方方正正、中规中矩的款式。如果能快速生成款式相对特别的照片墙就好了。在Photoshop近两个版本中，有一个脚本图案功能非常有趣，可以达到我们期望的结果。

图 6-77　模特：郭鑫垚　摄影：李智

图 6-78　两种款式的脚本图案

执行菜单"图像 > 图像大小"，在"图像大小"对话框中将照片缩小。缩小到什么程度并没有固定的要求，主要看最终需要的尺寸。另外，新版本的图像大小对话框有预览功能，在预览框中可确定结果的大小。

图 6-79　缩小照片

可以考虑定义全图，也可以用选区取得一部分画面。执行菜单"编辑 > 定义图案 ..."，可在"图案名称"对话框中输入图案名称，然后单击"确定"按钮。该图案将会出现在填充图案的列表中，整个软件如果涉及填充图案这个问题时，都会找到你所定义的这个图案。

图 6-80　自定义图案

这里需要一个空白的文档，用来放置要填充的图案。执行菜单"文件 > 新建"，在"新建"对话框中设置宽度、高度和分辨率等，然后单击"确定"按钮。另外，记得在新的文档中再新建一个空白的图层。

图 6-81　新建文档

执行菜单"编辑 > 填充"，进入"填充"对话框。在"内容使用"下拉列表中选择"图案"。

在下拉列表的下方会出现一个自定图案选项。单击小三角会出现图案列表，翻到整个列表的最后，可以看到刚才定义过的图案，通常自定义图案都会被放在所有图案的最后。

图 6-82　填充图案

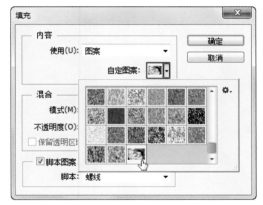

图 6-83　选择自定义图案

在"填充"对话框的最下方，勾选"脚本图案"复选框。在下方的"脚本"下拉列表中可以选择几种样式。其中有中规中矩的砖形填充、十字线织物等，也有一些不规则的样式可选，比如这里的脚本选择"螺线"。

图 6-84　选择脚本图案

　　单击"确定"按钮后，可以看到螺线这种样式生成的效果。可以看到在"图层"面板都是用新建的空白图层来旋转填充内容的，这样的好处是可以用多层来尝试不同的效果，最终经过比较做出选择。

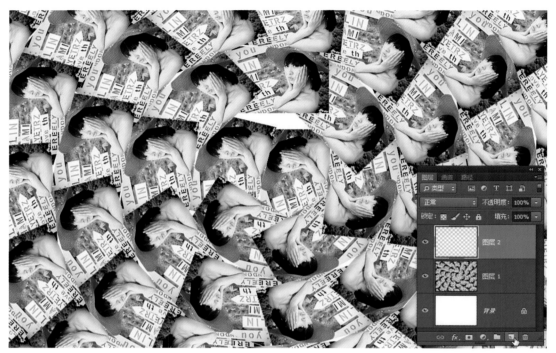

图6-85　脚本图案螺线

　　另外在填充时，不仅能够控制"脚本"的样式，还可以尝试在填充前改变其"混合模式"，以及不透明度等参数。比如这里的"混合模式"选择"线性光"，"脚本"选择"对称填充"，产生色彩上别具一格的照片墙效果。

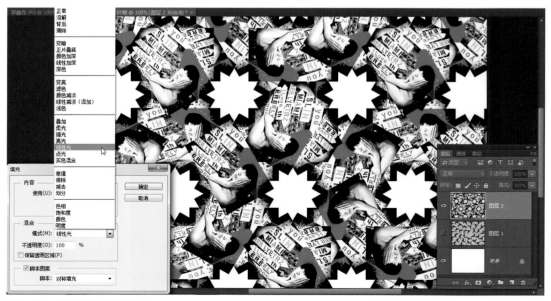

图6-86　填充前改变混合模式

6.7 填充法模拟飞机剪影

本例模拟一个飞机在朝阳时段升空的逆光剪影效果。需要两张素材，一张巨大的太阳照片，一张升空的飞机照片。其实是模拟一个类似《E.T. 外星人》电影海报月亮前骑自行车的效果。

图 6-87　准备好的两张素材

图 6-88　完成后的剪影飞机

核心技巧

A：按 Ctrl 键的同时，单击蒙版提取出选区是初学者很容易出错的操作，要多加练习。

B：创建新的填充或调整图层是非常好的手法，相比传统方法更加灵活方便。

首先把飞机的素材拖曳到太阳素材当中。使用复制粘贴也可以，总之飞机文件要在太阳素材中成为一个独立的图层。

图 6-89　将飞机素材拖入太阳文件

使用"快速选择工具"<img> 将飞机的轮廓大概框选出来，如果快速选择的效果不好，不必失望。因为所有智能选择划分的基础就是反差、颜色、明暗、纹理等。很显然在本例中，飞机和天空在这些方面都相近。

图6-90　用快速选择工具得到大致选区

细微的地方缩小画笔大小精细选择，通常画笔大小要比你所想像的再小一点。在快速选择工具的选项栏上，可以切换到加选或减选，向已经建立的选区内添加和删除区域。

图6-91　添加和减选区域

对付一些空空洞洞的地方，最有效的方法应该是使用"魔棒工具"<img>。该工具可以以当前单击位置为取样样本，将与该样本颜色或明暗类似的区域划入选区范围。假如结果过多或者不足，可在选项栏中设置容差值来控制。

图6-92　使用魔棒完善选区

整个选区框选完成后，建议使用"多边形套索工具"<img>修整飞机的边缘。因为各种智能选择工具，如"快速选择工具"<img>、"魔棒"<img>等选出的边缘经常会凹凸不平，也就是所谓的较自然状态。但飞机是人造产物，边缘反而需要生硬一些。

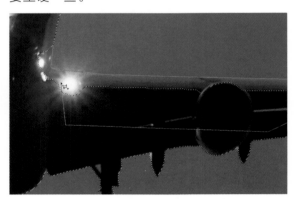

图6-93　使用多边形套索修边

得到较精细的选区后，按F7键调出"图层"面板，确定飞机图层为选中状态。在图层面板的底部单击"添加图层蒙版"<img>按钮。

图6-94　建立图层蒙版

可以看到添加图层蒙版后，该图层除了飞机外，其他景物都被遮蔽。这时才开始建立剪影，原因是希望达到"半剪影"的状态，因为飞机颜色不是纯黑色，所以应该还透出一部分自身颜色。

需要将原始飞机填充为黑色，因此要再次利用飞机的选区。按 Ctrl 键，单击飞机图层右侧的黑白色蒙版提取出选区。

图6-97　选择填充图层的颜色

因为要营造"半剪影"的效果，也就是飞机的剪影不能为纯黑，多少要透出一些飞机的材质。因此在"图层"面板改变该黑色填充图层的"不透明度"为 68%。

图6-95　从蒙版中提取选区

通常情况下不建议大家用普遍填充黑色的方法，而是使用填充图层。在保持飞机选区选中的前提下，单击"图层"面板底部的"创建新的填充或调整图层"按钮，选择最上方的纯色。

图6-98　改变填充图层的不透明度

飞机的前灯显然不应该是漆黑的，因此要加强两盏灯的亮度。方法很简单，因为这是自带蒙版的填充图层，所以在工具箱中设前景色为黑色，使用"画笔工具"在填充图层所在蒙版的前灯处分别单击两下即可。如觉得太亮，也可通过"编辑 > 渐隐"命令再减少一部分亮度。

图6-96　建立纯色填充图层

在弹出的"拾色器"中选择纯黑色，单击"确定"按钮。使用这种填充图层有多项好处，比如不用单独建立新的空白图层，其颜色可以随时改变，其形状可以随时通过自带的蒙版修正等。

图6-99　将飞机的灯显示出来

*6.8*扇面鸳鸯戏水

古人喜欢在扇子上题诗作画。代表中国传统文化的一些图案与之搭配都非常恰当，比如梅兰菊竹、山水鸟兽等。当然最好是有特殊意义的，比如鸳鸯、松树之类的。摄影师平日拍摄有众多这类题材，为何不也风雅一下？另外，书法、印章之类的有中国文化特色的标识也可以考虑加入。

图 6-100　鸳鸯戏水　摄影：付晓霞

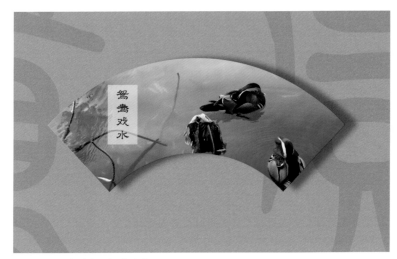

图 6-101　合成扇面鸳鸯戏水

核心技巧

A：意识到扇面只是一种普通形状很重要，也就是任何形状都可以作为剪贴蒙版，如圆形、动物形、文字形，要能举一反三才是本例真正意义。

B：制作效果需要多方面的配合，如文字、背景等，从各方面来烘托你想表达的主题

创建扇面的形状是有技巧的。之前我曾用过切割的方法，虽然也完成了，但略显笨拙。这里采用变形的方法。首先在工具箱中的矢量工具组中，选择矩形工具■。

在界面上部的选项栏中，确定使用的绘制方式为"形状"，也就是既有描边又有填充的矢量状态。其他的方式，一个是路径，也就是空心的矢量轮廓；另一个是基于选区的像素图，都是不适合作为蒙板或自由变形的，所以不要选。

图 6-102　选择矩形工具

图 6-103　选择形状模式

在画面上拖曳出一个矩形，该矩形什么颜色倒没有关系，因为它最终只是一个蒙版，只有形状本身有用。执行"编辑 > 变换 > 变形"，进入变形工具的封套内。在矢量图编辑过程中，外面那个可编辑控件可称为"封套"。

图 6-104　对矩形进行变形操作

在界面上方的选项栏的"变形"下拉列表中选择"扇形"。这其实是一些预设，封套上的锚点、手柄等也可以自由拖曳。正如钢笔工具绘制路径后所编辑的贝塞尔曲线。

图 6-105　选择扇形预设

可以看到之前绘制的矩形已经被变形为扇形，不过个人感觉有些狭长了，希望进一步编辑。在这种状态下都是基于扇形的编辑，比如弧度等，可以在上面的选项栏中找到。但编辑基本的大小尺寸，这里并不方便。

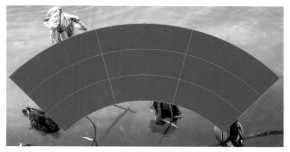

图 6-106　变形以产生扇形

界面上方的选项栏右侧有一个按钮，名为"在自由变换和变形模式之间切换"。单击之后就从可自由变形的状态切换到被各种规则约束的变换状态。切换到这里可以进行常规的编辑，比如放大缩小、旋转、透视、扭曲等。

图 6-107　在自由变换和变形模式之间切换

在变换状态中，单独拖曳并改变扇形的宽度，直到变换后的扇形达到自己希望的样子。这个扇形将作为蒙版来使用。这其实是个任意形状，理论上什么形状都可以。

图 6-108　变换以完成扇形制作

现在开始把扇形和鸳鸯照片组合到一起。首先双击作为背景图像的鸳鸯照片，出现新建图层"图层 0"的对话框，确定后会解锁背景，只有解锁后，照片才可方便自由地移动变换。

图 6-109　将背景解锁为普通图层

将"图层 0"的鸳鸯照片放在扇形的上面。将鼠标指针移至两个图层之间的交界处，按 Alt 键，出现创建剪贴蒙版图标，然后单击即可链接两者。如果不方便使用该技巧，也可以执行菜单"图层 > 创建剪贴蒙版"，达到相同的效果。要注意图标位于两个图层之间的间隔线上。另外，用同样的快捷键可以解开两者粘合的状态。

图 6-110　添加剪贴蒙版

执行上述命令，两层就被剪贴到了一起，鸳鸯图案被局限于扇形之内。在图层调板中，这两个图层外观的变化是，"图层 0"后退半格，多出一个小箭头，而扇形的图层名上出现下划线。

图 6-111　以剪贴蒙版的方式组织两图

鸳鸯在扇形中的位置并非是固定的，可以通过拖曳将其移动到希望的位置。同样的道理，也可以修正扇形的位置，可以按 Shift 键，也可以同时选择两者一起改变在整个画面中的位置。

图 6-112　重新定位鸳鸯的位置

接下来就是对画面的装饰了。你的创意可以很多，比如题一首小诗或输入一些装饰字等。比如这里先用矩形工具 绘制一个白色长方形做底。注意，还是那个矢量形状工具画出来的。

然后输入文字，因为文字打算输入直排的，所以先在工具箱按下横排文字工具 不放，出现更多工具列表时，再选择直排文字工具 ，也就是竖排文字。输入文字主要有两种方法，一种是在画面上单击一下输入，一种是拖出框来输入大段文字。这里因为文字输入量不多，用单击的方法就行。

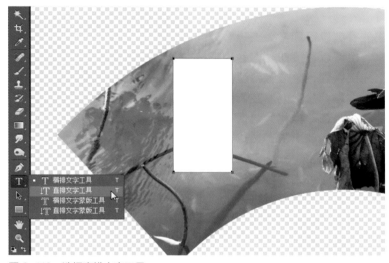

图 6-113　选择直排文字工具

如果不熟悉文字工具的特性，可以先在矩形背景旁边输入文字之后，再将文字移到矩形中，以避免麻烦。文字可选择古色古香的字体，以与整体搭配。

图 6-114　输入直排文字

接下来完善一下扇面的立体感，否则放到背景上不够突出。选择扇形这一层，在图层调板的下方单击"添加图层样式" fx. 按钮，弹出的菜单中选择"投影"。

图 6-115　为扇形添加图层样式

进入"图层样式"对话框，可以考虑在该对话框中设置相应的参数以得到希望的投影效果。也可以直接在画面的扇形上拖曳得到一个位置合适的投影。注意，投影能够在画面上拖动，是在"样式"对话框还没有关闭的前提下。如果这个对话框关闭了，就拖不动了，还得再次点进来才行。其他的效果依自己的喜好进行设置，比如通过"斜面和浮雕"来突出立体感，等等。

图 6-116　修改投影的参数

最后是背景的装饰工作。这个很重要，不加装饰会显得太简陋，而装饰太复杂又难免抢了主体的"戏"。可考虑输入巨大的仿古文字，减小其不透明度，然后只取其局部衬托于背景之上。后面的大字最好放大到看不出文字的内容，这样可以增加神秘感。另外，混合模式、不透明度之类的也要一并用上，以达到自己想要的效果。

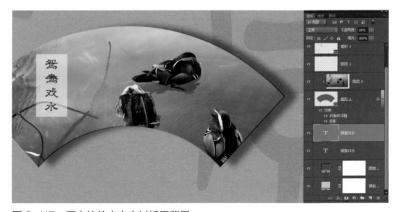

图 6-117　巨大的仿古文字衬托于背景

6.9 青颜（岩）神护佑古镇

从拍摄作品中选出的照片毕竟是少数，大部分沦为边角料删除或被永远"打入冷宫"。拥有了后期处理知识，这些边角料不妨循环利用起来。比如这里我找到了很多不相干的照片，有拍摄自贵阳、登封、大连，甚至国外的照片，然后把它们合成在一起。当然案例并不严谨，更多的是一种天马行空和所谓的魔幻色彩。书已经写到了尾声，本着娱乐精神，大胆地放开思维的束缚吧！

图6-118　8张不同出处的素材

图6-119　青颜（岩）神护佑古镇

核心技巧

A：平时拍摄的所谓废片也不必急着丢掉，哪怕是模糊得看不清的画面，在后期处理中有时也能当作不错的素材来利用。

B：蒙版是软件中非常重要的功能，只学会它的原理并不是你追求的终极目标，而是操作时能够达到"条件反射"般的状态，但这需要大量的练习。

　　同时打开云朵和神像这两张素材后，把神像拖曳到云朵的文件里。按 Ctrl+ T 组合键进入自由变换状态，按 Shift 键保持长宽比例，将神像缩至一半大小确定修改。关掉神像图层前的眼睛，双击背景图层并单击"确定"按钮，即可将背景图层解锁，转化为普通图层"图层 0"。

图 6-122　增加通道的对比度

　　黑色隐藏对象，白色显示对象。其实在本例中这一步是可选的，就是确定神像的哪一部分显露，哪一部分隐藏在云朵里。我的选择是按 Ctrl+I 组合键反相"红 拷贝"通道，再按住 Ctr 键的同时单击"红拷贝"通道提取选区，选区为闪烁的蚂蚁线。

图 6-120　缩小神像的尺寸

　　执行菜单命令"窗口 > 通道"进入"通道"面板。比较 RGB 三个通道，选出对比度最强烈的一个，这里选择红通道。

图 6-123　从通道提取选区

　　在通道面板的最上端选择 RGB 复合通道。这步一定要记得非常容易漏掉。一种错误是单击了 RGB 复合通道前面的"小眼睛"而不是这一行，二是干脆忘记了这一步操作。错误的表现形式是出现红色的蒙盖状态。

图 6-121　在通道面板选择红通道

　　在原始通道上是不能直接操作的，因此按住鼠标左键将红通道拖曳到"创建新通道"按钮 上，复制红通道图层名为"红 拷贝"。选择红通道这个副本图层，执行菜单"图像 > 调整 > 色阶"。在"色阶"对话框中，将两侧的黑色和白色滑块向中间拖曳，增加照片的对比度。制造这种强烈的反差，其实是希望让神像从云中穿越，一半身子留在云中。

图 6-124　选择 RGB 复合通道

不过神像的位置不对，需要调整。但直接按住鼠标左键拖曳神像，会发现图像是残缺的，这是因为蒙版和神像是链接在一起的，蒙版遮挡了一部分元素。解决的方法是单击神像和所带蒙版中间的小链接。单独移动左侧的神像将其放至到合适位置，这种感觉就如神像在云中穿梭一般。

图6-125 单击图层和蒙版之间的链接

回到"图层"面板，选择神像图层，该图层前面的眼睛使其显示。在"图层"面板的底部单击"添加图层蒙版" ■ 按钮，基于当前的选区添加一个蒙版。蒙版添加后，可以看到神像已经"钻"到云彩中。

图6-126 基于当前选区添加蒙版

虽然神像已经可以在云中穿梭了，但让人尴尬的是，神像还带着背景图。解决的方法是在工具箱中选择"多边形套索工具" ▽ ，将神像后面所有不需要的背景精细选出。选择的要

点在于，越接近神像越要框选得非常精细，而外围这一圈只需把背景都框选其中即可。确定选中的是神像所带的蒙版，然后执行菜单"编辑 > 填充"，选择黑色进行填充即可。

图6-127 圈选神像的背景

主要背景已经清除，但是神像的腿部因为有"多边形套索工具" ▽ 处理过的痕迹，所以边沿过渡太生硬。这里使用"画笔工具" ✐ ，当然是要非常柔和的边缘，并设前景色为黑色在小腿上擦拭，完成后神像应该已经可以站在云里了。

图6-128 将神像的腿部藏入云彩中

另外弯曲的这条腿暴露在云朵外的部分太多了，最好让它有一部分隐隐约约再藏进云中。我们之前讲过"残损画笔"，下面的操作就依靠它了。在画笔中找到一个形状比较随机、自然，有镂空的画笔，确定前景为黑色，将画笔放大并在蒙版上单击。注意是单击，不是涂抹。可以看到膝盖附近出现了"散碎云朵"的效果。

图6-129　膝盖附近的"散碎云朵"

现在制作神像头上的那一圈光环。在"图层"面板新建一个空白透明层，用"钢笔工具" 在画面上分别单击两下，绘制一条矢量短斜线。因为直线在旋转时会出错，所以不能是平直的。另外执行菜单"窗口 > 路径"调出路径面板，以便观察和后续的操作。

图6-130　用钢笔绘制一条短斜线

确认选中了这条短斜线，按 Ctrl+Alt+T 组合键进入变换框，将变换框中心点拖曳到神像的眉心附近。其实 Ctrl+Alt+T 组合键为变换复制命令，执行完后，这个短斜线已经变成了两个，旋转这个新的短斜线大约5°，然后按 Enter 键确认操作。

刚才其实是做了个动作范例，意思是都按"复制一个斜线再旋转5°"这个过程执行。最终执行这个模式所用到的命令比刚才多一个键，就是 Ctrl+Alt+Shift+T 组合键，按住三个功能键按，单独不断地按 T 键，即以中心点（眉心）为轴复制出多条矢量路径。

在工具箱中选中"路径选择工具" ，框选所有刚刚生成的路径。在"路径"面板的右上角单击更多选项 ，出现一个菜单，在菜单中选择"描边路径"命令。

图6-131　选择"描边路径"命令

进入"描边路径"对话框，在工具列表中选择"画笔"，注意这个画笔的粗细和颜色需要事先设置好，也就是最终光环每个光点的大小。勾选对话框下边的"模拟压力"复选框，使画出的线条两头尖中间粗，像是现实中的画笔一般的笔触。

图6-132　选择描边路径的画笔

可以看到描边路径执行后的效果，光环的颜色和每个元素的大小都要通过画笔设置来调节，如果不合适，可反复尝试。这时路径已经没什么用了，单击路径面板路径层之外的任何区域可隐藏路径。

图6-133　完成描边并隐藏路径

纯红色的光环显然不够好看，最好是彩虹状的。在"图层"面板的底部单击"添加图层样式" fx. 按钮，在出现的菜单中选择描边，进入"图层样式"对话框。这里把描边的"填充类型"设置为彩虹式的渐变。也可以自由发挥，比如斜面与浮雕、光泽等都可以设置。因此这一步可以自由发挥想象，并没有一定的规律。

三四十。因为之前已将背景解锁变为普通图层，所以现在扩出来的区域是透明的。

图 6-136　扩展画布大小

图 6-134　用图层样式添加彩虹渐变

完成后的光环显然有些问题，当然不应该在神像胸前穿过了。确定光环图层为选中状态，在"图层"面板的底部单击添加图层蒙版 ▣ 按钮，加一个白色蒙版，使用黑色"画笔工具" ✎ 在神像胸前位置涂抹，这部分光环被隐藏，就好像光环是在神像背后发出的一般。

下面新扩展出来的这块画布不能是空的，当然也要有水。因此找一张有水的照片拖曳进来，颜色尽量与原图海水比较接近。

图 6-135　使光环仿佛在背后发出

接着合成进来更多的素材，但画布显然不够用了，需要扩展画布。执行菜单命令"图像＞画布大小"，大约是向下方扩出百分之

图 6-137　添加一张有水的素材

在"图层"面板的底部单击"添加图层蒙版" 按钮，加一个白色蒙版。使用"渐变工具" 在竖直方向拖曳一个范围较短的渐变，可以看到新的这部分水与之前画面中的海水融合到了一起。如果还不够完美，可以用画笔再继续修饰。如果要保持画笔修饰时快捷、水平，就按 Shift 键以两点之间连线的方式绘制。

图 6-138　使用蒙版将水融合在一起

接下来加入青岩古镇城门楼的素材，并消除它所带的背景。执行菜单"选择 > 色彩范围"命令进入"色彩范围"对话框。用吸管单击背景，然后设置颜色容差，直到背景和城门楼黑白反差最大时确定得到选区。当然需要观察所得到的选区素材的优劣，从而决定是否用调整边缘功能继续修饰。

图 6-139　使用色彩范围选择背景

基于已经得到的选区，在"图层"面板的底部单击"添加图层蒙版" 按钮添加一个蒙

版，背景即被去除。按 Alt 键进入该蒙版的大图显示状态，用柔软的黑色"画笔工具" 擦拭城门楼底部波浪形的区域，因为这部分要融入水中。甚至可以利用"残损画笔"在画面随机地擦拭刷一些假波浪。

图 6-140　把城门楼底部波浪形的刷一下

同样的方法，在按住 Alt 键的同时，单击蒙版回到正常视图。可以看到城门楼底部已经浸入水中，有种"水漫金山"的感觉了吧。

图 6-141　已经合成入水中的城门楼

但这个城楼放上去太真实了，没有魔幻色彩，如果能添加上一些烘托气氛的光线就好了。因为我希望添加黄色和红色的光线，所以找到了一张黄色天空的照片，还有一张鲤鱼。鲤鱼？天空？这似乎毫不相干。但没关系，只要有黄和红的色调倾向就可以，无非是做些简单处理。

图 6-142　加入天空和鲤鱼的素材

将鲤鱼这一层的"混合模式"改为颜色减淡，"不透明度"改为 73%，然后添加蒙版，在蒙版上将四周用柔和的黑色画笔刷掉。而天空这一层先垂直翻转，然后将"混合模式"改为叠加，接着添加蒙版，在蒙版上将四周用柔和的黑色画笔涂抹去除。

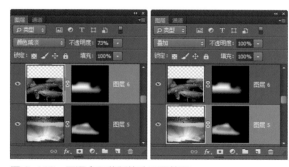

图 6-143　用混合和蒙版修改两层外观

两层经过修改后叠加在城门楼上，完全看不出之前的面貌。另外要注意放置的位置，让光线正好打在牌匾上。城门楼经过修饰，显得比之前更古朴和神秘了。

图 6-144　仿佛光线射在城门楼牌匾上

水面空空如也显然非常无趣，这里加入一张渔船的素材。使用"多边形套索工具" 精细选取渔船的细节。需要注意的是，渔船后面滑过的痕迹一定也要框选，但不必太精细。然后反向选择、羽化边缘等。

图 6-145　加入渔船素材并选出

在"图层"面板的底部用单击"添加图层蒙版" 按钮，基于当前的选区生成蒙版，背景即被消除。确定焦点位于蒙版之上，使用黑色柔边的"画笔工具"在渔船底部擦拭，让渔船底部自然浸入水中。需要注意的是，渔船后面滑过的痕迹与周围水的颜色不同。

图 6-146　添加蒙版隐藏渔船背景

渔船后面滑过的痕迹有些泛青绿色，需要将其调成与周围海水类似的蓝色。在"图层"面板的底部单击"创建新的填充或调整图层" 按钮，在弹出的菜单中选择"可选颜色"，添加一个调整图层。选择青色，在该页面中将黄色完全消除，加一点洋红，再加一点黑就可以了。

图 6-147　将渔船滑过的痕迹调蓝

继续为画面增加一些有趣味的元素，没有合适的鲨鱼照片，这里只能用一张海豚的素材代替。可以先不建立选区，在"图层"面板的底部单击"添加图层蒙版" 按钮，增加一个白色蒙版。

图 6-148　添加一张海豚素材

在这个白色蒙版上，使用黑色的柔边画笔涂抹四周，把海豚生硬的边缘去除。我故意将海豚保持比渔船的体积庞大，以增加魔幻色彩。然后会发现又面临一个新的问题，海豚照片几乎是黑白的，和周围的元素极其不融合。

图 6-149　将海豚四周硬边缘涂掉

需要将几乎黑白的海豚调成和周围类似的颜色。在"图层"面板的底部单击"创建新的填充或调整图层" 按钮，在弹出的菜单中选择"曲线"，添加一个调整图层。分别进入蓝、绿、红各通道，大量增强蓝色，少许增强绿色，降低一点红色。从"曲线"面板可以通过彩色的曲线线条来判断各通道调整的程度，最后将该调整图层的"混合模式"设为叠加即可。

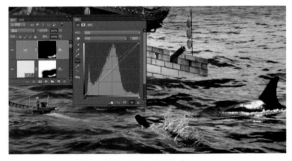

图 6-150　调整海豚的颜色与周围融合

7.1 同步与输出RAW格式文件

7.1.1 批量复制RAW格式文件调色信息

使多张RAW格式照片共享相同的调色信息，除了同步之外，还有一种复制信息的方法，该方法得到的结果相同，而且在特定环境下显得更方便快捷些。

首先调好单张照片。这里选择一张用索尼相机拍摄的RAW格式照片（.arw），单击鼠标右键，在弹出菜单中选择"在Camera RAW中打开..."，选择的照片要有一定的代表性。

图7-1　单击右键通过Camera RAW打开

接下来单独调整这一张照片。在调整的过程中要宏观把握，因为毕竟所调整的参数会应用到几十、数百张照片上。也就是说要有一定的通用性，尺度不要太大。

另外，尽量做全局性的调整，比如改变曝光、提高饱和度等。尽量少做局部调整，比如裁剪或者拖曳渐变滤镜之类的操作，因为影响构图之类的事情不方便统一。

图7-2　调整单张照片

调整结束后，单击右下角的"完成"按钮，会发现在Bridge中该RAW格式文件的预览图已经更新了，右上角会有一个标识为调整后的小图标。

图7-3　完成单张照片的调整

在该RAW格式文件上仍然单击鼠标右键，选择"开发设置>复制设置"，将调整信息复制到剪贴板。

图7-4　复制设置

选择其他未调整的RAW格式文件，单击鼠标右键，选择"开发设置>粘贴设置"，将已复制过的信息附加到这些RAW格式文件上。

非常快捷，其他RAW格式文件同时更新完成，得到的效果和第一张调整的照片完全相同。如果觉得个别照片效果不太满意，也可单独双击该文件进一步调整。

图7-5　粘贴设置

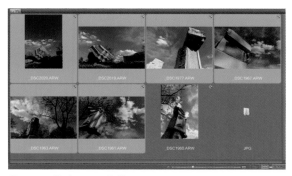

图7-6　粘贴设置后的效果

7.1.2 批量去除传感器污点

最让摄影师感到头疼的就是出远门拍片，在换镜头时传感器进灰。往往有数千张片子，电脑一查看每张都在同样的位置有些污点，显然一张一张地去除工作量是巨大的。幸亏这样的污点有个特点，就是它们都存在于画面的相同位置，可以批量去除它们。首先打开多张RAW文件，这里只打开三张做演示，另外JPEG用这种方法也完全没有问题。

文件已被Camera RAW打开，排列在左侧列表中。选择某张照片，仔细观察可看到右上角有污点需去除。在上方的工具栏中选择污点去除画笔，在右侧出现相应的选项，可修改其半径来适应污点的大小。

图7-7　选择多张RAW文件

图7-8　设置污点去除画笔的参数

污点去除工具显示为一个虚线圈，要想去除某个污点，半径要设得比污点大一圈。

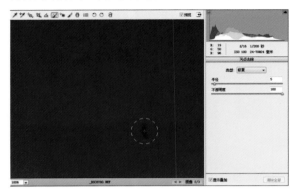

图7-9　去除污点

单击后该虚线圈变成红色，旁边自动出现一个绿色的圈，绿色的圈会自己寻找一处干净的区域来修补原来红圈位置的污点。如果觉得系统自己选的目标不太完美，也可以用鼠标牵引这个绿圈，手动找一处更合适的取样点。这种方法可修复多个污点，注意圈和圈尽量不要互相交错叠加。

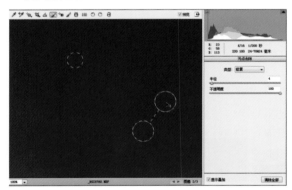

图7-10　查找更合适的取样点

只要完成一张照片污点的修复，其他的就不是问题了。在左上角单击"全选"按钮，可看到三张照片已被选中，当然30张，300张也是同样的方法、同样的效果。

图7-11　全选所有照片

这时弹出一个同步选项。此处非常容易出错，需要特别留意。因为对全局的调整系统默认都是选中的，所以很多操作者都会想当然地直接单击"确定"按钮。其实污点去除属于局部调整，默认并非已选中。需要在该对话框的最下方选中"污点去除"复选框才会有效。

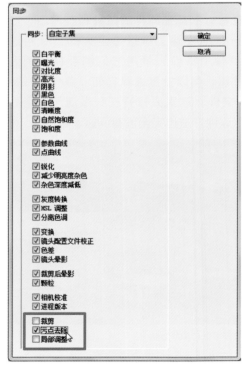

图7-12　勾选"污点去除"项

单击"确定"按钮，所有照片上相应位置的污点都会被瞬间去除。不相信的话可以翻看其他的照片确认一下。需要注意的有三点：

（1）非传感器进灰的普通污点不适合此方法，因为这类污点的位置没有规律。

（2）如果个别照片污点位置有建筑物，则完成后要单独查看会不会破坏画面。

（3）通常污点比较明显的照片常为风光和微距，因为使用了小光圈。大光圈摄影通常不会产生这类情况，比如背景虚化的那种人像照片。

图7-13　查看其他照片是否自动去污点

7.1.3 批量同步RAW格式文件的调色信息

完成一幅RAW照片的调色，然后把调色信息同步给更多的RAW文件，是相当高效的处理方法。在Bridge中选择照片是有技巧的，并不是按Ctrl+A组合键全选所有的照片统一处理。比如，可以将欠曝的选为一组，将过曝的选为一组，这样施加调色时会更有针对性。这里按住Ctrl键加选三张RAW(.NEF)文件，当然也可以选30张、300张。

图7-14　选择三张RAW文件

双击或在Bridge工具栏上单击"在Camera RAW中打开"  按钮，可以看到打开的Camera RAW的左侧多出一个缩览图列表，其中是待处理的照片缩图。

图7-15　左侧多出一个缩览图列表

不要盲目进行下去，而是在缩览图列表中选择一张更具典型性的照片。说得再直白些，这张照片和更多的照片具有类似的调色问题，比较有代表性。

先把单张照片调到满意为止，但要注意尽量做全局性的调整，而不是局部的。比如要为天空添加渐变滤镜，而每张照片构图不同就是个大麻烦。但改变曝光、提亮暗部基本不存在这类问题。

图7-16　调整单张照片

在左上角单击"全选"按钮，选择多张照片，然后单击"同步"按钮。

图7-17　全选所有照片

单击"同步"按钮后，弹出"同步对话框"，默认选中所有全局调整，因为这次没有局部调整项，所以直接单击"确定"按钮即可。

图7-18　"同步"对话框参数

这样，多张照片瞬间被统一调整完毕。如果个别照片有局部问题，比如有污点杂物之类的，也可以单独选择某一张，这样操作就只对单张有效了。

这次的批量处理也可以换一种方法操作，就是调色前先单击"全选"按钮，而后再针对一张调色。这样在调色的同时，多张照片就实现了同步更新。

图7-19　批量调色后，再针对单张改进

7.1.4 批量输出RAW格式为JPG格式

作为"数字底片"，RAW文件有它强大的优势。但缺点是它并不通用，用来直接打印和网络展示都不行。换句话说，完成RAW格式的调整后，必须转换成JPEG格式。这里演示RAW格式批量转换成JPEG格式的基本过程。

首先，在Bridge中全选所有的RAW文件（.NEF尼康），或选择其中一部分也可以。双击这些文件，或单击选项栏上的"在Camera RAW中打开"　按钮。

图7-20　在Bridge中选中文件

在打开的Camera RAW左侧，有一竖列称为Filmstrip栏，其中列出了所有要转换的RAW文件。可以进一步调整它们，以确认是否满足最终输出的要求。

图7-21　Filmstrip栏

在左上角的Filmstrip字样旁边单击 ≡ 小图标，会出现一个菜单，单击"全选"，选中全部文件。

图7-22　全选所有文件

单击左下角的"存储图像"。如果之前已经设置好参数，希望跳过"存储选项"对话框，可在单击时按下Alt键。因为只要设置过参数，系统就会存储起来，直到下次被改变。

图7-23　存储图像

在"存储选项"对话框中，首先设置文件存储的目标。个人习惯是选择"在相同位置存储"，这样快捷方便，不必经历选择文件夹的繁琐过程。文件命名这里是在原名称的基础上加了"_1"，以便存储在相同位置时，输出文件紧跟在原文件的旁边，好找。

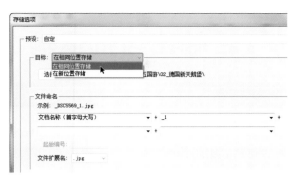

图7-24　在相同位置存储

格式通常选择JPEG即可，特殊需求也可选择TIFF和Photoshop（.PSD文件）。有个重要选项为"数字负片"，其实是指.DNG格式，一种通用的RAW文件。也就是说，此处也负责将厂商的RAW（如CR2和NEF等）格式存储为DNG格式。色彩空间建议选择"sRGB IEC61966-2.1"，以便能够在各类显示屏和网络上正确查看色彩。

图7-25　存储成JPEG格式

单击右上角的"存储"按钮后，关闭"选项"对话框，回到Camera RAW主界面。在主界面的左下角会显示存储进程，提示剩余文件的个数。速度要比一般JPEG格式之间的存储慢不少，但这毕竟是个转换的过程，属正常情况。

图7-26　左下角显示剩余文件个数

7.2 输出与批量输出

7.2.1 为什么存不成JPEG格式

在一线教学中常会遇到些专业人士没有想到的问题。比如会有学员问，"刚才还能存成JPEG，为什么转眼就只能存PSD了？"通常来说，如果执行"文件>存储"或按Ctrl+S组合键，会弹出"JPEG选项"对话框，让用户设置品质大小。

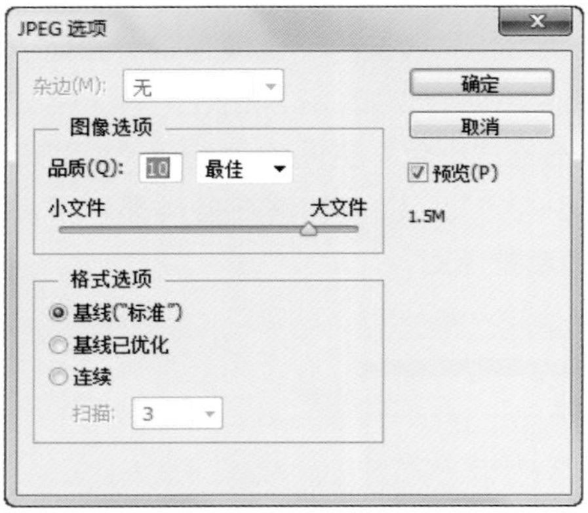

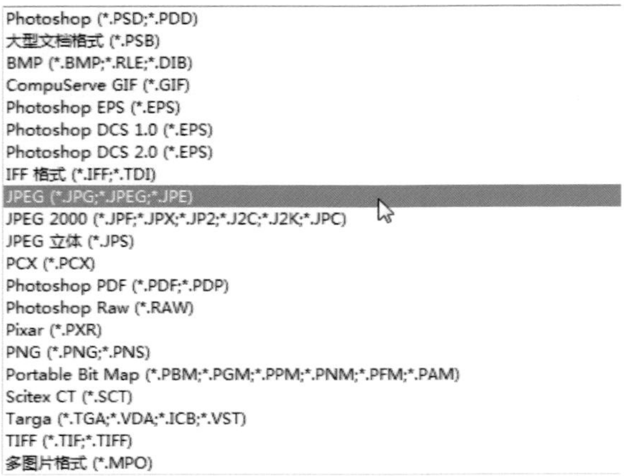

图7-28-B　选择保存类型中的JPEG格式

图7-27　"JPEG"对话框

但有时对话框却会变成这样，让用户存储为PSD多层文件。当然可以在下面的"保存类型"列表中选择JPEG格式。但出现对话框比较"随机"，总让初学者觉得软件飘移不定，很难掌握。

出现存储对话框不同的原因通常有两个。一是文件为多图层的，也就是说不管是调整层、文字层，还是透明层，只要超过一层，软件提示就会变为另存为，而不是直接进入"JPEG选项"对话框。通常我们看画面编辑的结果，总以为是一整个图像。其实类似这张图，都是多个图层叠加出来的，上面的色块、装饰文字都是独立、可拆解的。

图7-28-A　存储PSD的对话框

图7-29　多个图层叠加出来的效果

所以习惯性地查看图层调板是个非常好的习惯。可以有效地监控当前所处的位置以及状态。只有确定所处的位置，才能决定下一步的操作。正如在现实生活中，公共场合不能大声喧哗是一个道理，因为所处位置不适合。在图层调板可以明显看到，该图是由多种不同的图层叠加而成的。

图7-30-A　图层调板的多种图层

避免这种情况发生的方法是合并所有图层。单击图层调板右上角的按钮上在弹出的菜单中选择"拼合图像"，所有图层将合并为一个单独的"背景"图层。拼合后，图片就无法拆开分层修改了，所以该操作要慎重。

图7-30-B　选择"拼合图像"命令

另一种导致存储对话框改变的原因是，背景图层被解锁，变为类似"图层0"这样的普通层。有时候因为变换之类的操作，解锁是很必要的，解锁的方法是单击（老版本为双击）背景图层。

图7-31　背景被解锁为图层0

通常解锁的方法都清楚，但如何逆向操作呢？也就是变为常见的"背景"图层，使"存储"对话框恢复改变JPEG品质的状态。方法是执行"图层>新建>图层背景"，将普通图层转换成背景图层，而"存储"对话框也不再询问是否存储PSD了。

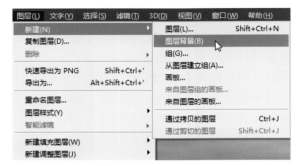

图7-32　转换成背景图层

7.2.2 压缩照片以适合网络输出

谋生只是拍摄照片的目的之一，大部分人拍摄照片更多是为了分享。分享有很多途径，比如通过QQ直接打包传给自己的密友，压缩后在论坛、微信或微博上展示。也许你会遇到某些情况下对文件的大小有限制，或者过多的大尺寸文件导致上传速度缓慢。这时就需要对照片进行适当的压缩，以适合各种渠道的分享。

比如这张照片为用D600拍摄，4 016像素×6 016像素，一张原始JPEG格式文件将近9MB。不管是传输样片，还是网络展示，都不需要如此巨大的尺寸。因此要想大幅度压缩照片，首先要缩小照片的尺寸。执行"图像>图像大小"进入"图像大小"对话框。

可以看到新版的"图像大小"对话框与以往的有所不同，比如增加了实时预览框、简化了设置项、增强了重新采样等功能。其实据我测试，像博客、微博这样的平台，宽、高在800像素左右就足够了。但考虑到在iPad上看大图或需要看照片细节等原因，这里宽高都设到1 000像素以上。设置为1 127像素×1 688像素只是一个测试数值，可根据需要增加或减少数值。

图7-33　全新的"图像大小"对话框

图7-34　缩小照片尺寸

分辨率从300像素/英寸改为72像素/英寸。72像素/英寸用于屏幕显示和网页输出，而300像素/英寸用于印刷。从对话框上方的提示可以看到，如今的文件已经缩小至5.44MB左右。

勾选"重新采样"复选框后，可以在下拉菜单中选择插值方法。插值是指图像扩大或缩小后，为了更好地保留原始图像的品质和细节，重新分布像素时所用的运算方法。

直接"选择自动"，软件会检测是缩小还是扩大并选择重新取样的方法。但专门为缩小而设置的选项会更贴切些，这里选择"两次立方"（较锐利缩减）。也就是说，通常扩大照片时更追求像素间的平滑过渡，而缩小照片时，更注重是否清晰锐利并且细节丰富。

图7-35　两次立方（较锐利）（缩减）

接下来压缩并输出照片。执行菜单"文件>存储为Web所用格式"。早期版本是"存储为Web和设置所用格式"，如今去掉了一些功能，这并不影响使用。进入"存储为Web所用模式"对话框后，默认显示为双联的预览模式，也就是原稿和压缩图之间的对比，包括画质、大小、下载速度等，会在预览图的下方以数据显示。

输出的格式可在对话框的右上方选择，"图像格式"为JPEG，这是最适合照片输出的格式。"品质"为88，算是非常高的画质了。另外，记得勾选"转换为sRGB"选项。

图7-36　双联预览方式

除了双联的模式外，还可以在原稿、优化和四联之间切换。比如这里切换到四联的状态，比较不同压缩品质，甚至不同图像格式下，画质、图像大小、下载速度的不同，以从其中取一个平衡值。可以看到刚才所设品质为88的文件大小是736.5KB。下面还可以测试这张照片在不同的网速下将需要多少秒才可以下载完成，这样可以掌握网络访客查看这张照片时的速度。

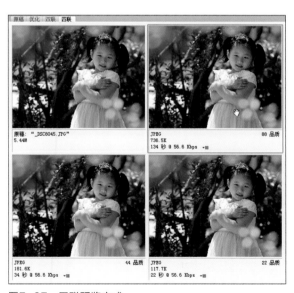

图7-37　四联预览方式

如果要展示照片的论坛或博客要求照片大小应该在500KB以内，就需要降低画面品质，在右侧的品质中降低数值，并查看照片预览下方的文件大小是否已减少至500KB以内。比如这里"品质"降到78，文件大小即降为499.8KB，如果从预览中观察觉得画质可以接受，就以此输出即可。

图7-39　通过缩小尺寸改变文件大小

图7-38　降低图像品质以改变文件大小

那么如果不想降低画质，又要将照片大小缩到500KB以内怎么办？那就只有进一步缩小图像的尺寸了。还好不必回到Photoshop的主界面再修改，在"存储为Web所用格式"对话框的右下角就可以直接修改。比如现在设为之前尺寸的77.55%，而照片文件也已缩到499.6KB了。

一切操作都为了找个平衡点，总有取舍，无非谁可以多妥协一些，是画质还是尺寸。确定是自己所需之后，单击对话框的右下角的"存储"按钮，将压缩后的照片存入硬盘指定位置。

单击存储之后会进入一个很大的对话框，主要用来选择文件在硬盘上的位置。在该对话框的下方，可以修改文件名和格式。需要注意的是在"格式"列表中，需要这样"仅限图像"。原因是有时为了网页输出，可能被选为与HTML相关的选项，而我们只需要一张单独的照片。

图7-40　输出时仅限图像

7.2.3 批量缩小JPEG格式照片并输出

使用图像处理器命令可以进行照片批量缩小操作。如今在高像素的时代，照片文件量都很大。可以快速高效地将成百上千张照片输出成一批小尺寸版本，用来在网络发布或打包转给朋友。首先把想批量输出的照片放在固定文件夹中，并知道该文件夹的路径。该命令有两个入口，一个是从Bridge中选择文件后，执行"工具>Photoshop>图像处理器"。

图7-41　在Bridge中打开图像处理器

另一个是在Photoshop中直接执行"文件>脚本>图像处理器"。该功能非常实用且方便掌握，因为在Photoshop中自己编制动作和批处理不是每个人都会的。而在Lightroom中批量输出虽然方便，但不少人对其导入照片的特别方式难以理解。这里推荐使用"图像处理器"命令，该命令没有其他两种方法的缺点。

图7-42　在Photoshop中打开图像处理器

进入"图像处理器"对话框，该对话框共分为四部分，分别是选择源照片位置、选择存储照片位置、输出类型和参数、其他选项。前两处很好理解，就是选择照片所在位置、设置照片的存储位置。后两处分别可以理解成以什么形式存储，存储时的附加项。

图7-43
"图像处理器"
对话框

首先选择要处理的照片所在位置，单击"选择文件夹"按钮。在"选择文件夹"对话框中找到想处理照片所在的文件夹，这和Windows中的操作一样，不再细说。如果该文件夹中还包含其他的子目录，可勾选"包含所有子文件夹"复选框。

图7-44　选择要处理照片的位置

在"选择位置以存储处理的图像"部分。我总是选择为"在相同位置存储"，这样就不必在硬盘查找文件所在位置，把繁琐的任务交给电脑去处理吧。当然你可能会问，图片放在相同位置存储，不会覆盖原来的照片吧？当然不会，在源文件夹中，会自动生成一个名为JPEG的子文件夹，所有处理过的照片都被存储在该子文件夹中，非常好找。

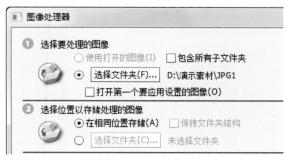

图7-45　选择在相同位置存储

该命令可将一组文件转换为JPEG、PSD 或 TIFF 格式，因为这里只需JPEG，所以可取消其他两项的选择，JPEG 图像品质（0~12）通常设置为10画面品质就足够好了。

"调整大小以适合"选项比较重要，这里的W和H与通常理解的宽度、高度是有差别的。它并不是指某一张照片的宽、高，而是指该组照片横幅和竖幅的最长边是多少。因此，这里W和H都设成2 000像素，表示所有横幅照片的宽为2 000像素，高随之等比例改变；而所有竖幅照片高为2 000像素，其宽随之等比例改变。

另外，如果拍摄时照片的色彩空间是基于Adobe RGB 的，目的又是输出到网上，那么需要选择"将配置文件转换为sRGB"。最后单击该对话框右上角的"运行"按钮，启动转换进程。

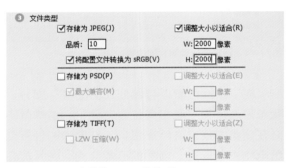

图7-46   设置存储为JPEG的选项

经过一段时间的转换过程，完成后可打开照片的源文件夹，可以看到该文件夹多了一个名为JPEG的子文件夹，所有缩小过的照片都存储在此文件夹内。

图7-47   存储后自动生成JPEG文件夹

进入该子文件夹之后，通过照片信息可以看到，横幅的宽为2 000像素，竖幅的高为2 000像素。照片为等比例缩放，其大小从几MB甚至十几MB缩至几百KB，并且与相机的画幅比例和尺寸无关。

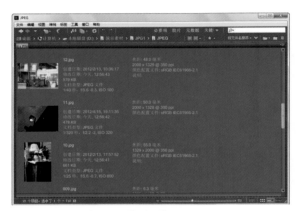

图7-48   查看结果是否达到目的

第4部分的功能涉及挂接动作，这如同打开了潘多拉魔盒，不是一句两句能够讲清楚的，因此这里不再提及，一切以简单入门为主。

7.2.4 批量调整JPEG格式色调并复合输出

批量处理这类功能在Photoshop中其实是很强大的，但要涉及录制动作和挂接批处理。在一线教学中，不少学员因操作过于繁琐而放弃学习。有没有无需录制和挂接的方法？本节拓展一下思路，用较特别的方法进行批量调色。

首先选择一批需要调色的照片，这些照片应具有同样的色彩问题和尺寸。比如这批照片都有些曝光不足和偏黄问题。在Bridge中，执行菜单"工具>Photoshop>将文件载入Photoshop图层"，将这些照片以图层的形式堆栈至"图层"面板。

图7-49　将文件载入Photoshop图层

可以看到图片已堆叠在"图层"面板，确认焦点在顶端的图层上。单击"图层"面板底部的"创建新的填充或调整图层"按钮，在弹出的菜单中选择"曲线"，建立调整图层。选曲线只是用来举例，完全可以选用其他的调色命令，色彩平衡、黑白等均可。

图7-50　在最上层添加调整图层

这里其实是利用了调整图层默认对下方所有图层有效这个特性。先基于最上方的照片来调整曲线，比如纠正偏色、增加亮度等。有了这一层，其实下方所有的图层都已被调整好，只是因为上边有图层遮挡，所以看不到效果而已。

图7-51　对顶层照片进行调色

这里启用图层复合功能，它可以将多个图层组合后的状态固定下来，形成类似快照的合成图层。简单来说，就是把当前屏幕上显示的效果"拍个照"留下来，但不管当前屏幕效果是由多少图层组合起来的。执行"窗口>图层复合"，出现"新建图层复合"对话框，选中"可见性"复选框，单击"确定"按钮。

图7-52　添加图层复合

关闭最顶层的照片的可见性，也就是单击前面的"小眼睛"图标。则当前屏幕上显示的是第二张图，你会发现"曲线"调整图层的效果已作用到了该图层上。用同样的方法建立一个图层复合即可。

这里以6张图片为例，可以看到完成建立图层复合后，两个调板的当前状态。"图层"面板只剩最下方的图层具有可见性，图层复合调板则建立了6种状态。

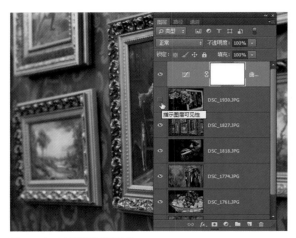

图7-53　去除图层可见性

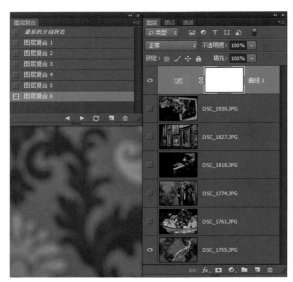

图7-55　完成后的图层复合

后面的操作就比较容易了，单击第二张照片的"小眼睛"图标，建立图层复合。单击第三张照片的"小眼睛"图标，建立图层复合，以此类推，无任何技术含量。

接下来可以批量输出，其实是把这些照片调整后的状态输出到了文件。在Photoshop中执行菜单"文件>脚本>图层复合导出到文件"。

图7-54　后面的操作以此类推

图7-56　选择"图层复合导出到文件"命令

进入"将图层复合导出到文件"对话框，浏览输出JPEG用的目标文件夹。如果没有该文件夹，可到Windows中新建一个。后面的设置都比较简单，比如设置为JPEG，品质自定等，这里不再多说。

经过很短时间的输出，就可以查看调整后的结果了，存放在指定的文件夹中。可以看到，所有照片都被增加了曝光并改进了偏色问题。虽然这种方法几乎没有人用过，但本文提供这么一种思路，以供大家参考。

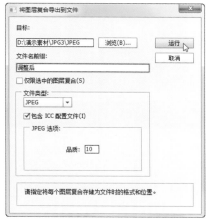

图7-57 "将图层复合导出到文件"对话框

图7-58 批量调色后的结果

7.2.5 批量添加自定义边框

使用软件和企业管理中的用人一样，要用人之所长，当然也要用软件之所长。如果Photoshop不擅长某些任务，即便是能够勉强为之，也建议使用更方便处理多图的Lightroom来做。比如批量添加边框，Photoshop需要记录动作并挂接批处理，甚是繁琐复杂。但Lightroom就只需调整一些参数即可，首先按通常的手法导入一批照片。

图7-59 导入一批照片

Lightroom本身并没有直接提供批量添加自定义边框的功能，有不少朋友通过下载插件来完成，但插件又是全英文的。这里提供一种不必安装外挂插件，又可使用该功能的方法，就是利用自带的打印功能来实现。执行"窗口>打印"进入打印模块。在界面的左侧可找到模板浏览器，选择一款针对单独照片起作用的模板，比如"(1)8 ×10"，可以从右侧预览中看到，画面中已生成非常合适的白色边框，但却是竖幅的。

图7-60　选择页面模板

为了观察方便，可设置成横幅。执行菜单"文件>页面设置"，在"打印设置"对话框的右下角选择方向为"横向"。

图7-61　将页面设置为横向

界面右侧的选项用来自定义边框的样式，选择一个针对单独图像的模板后，右侧的布局样式自动转为"单个图像/照片小样"。其他两个选项则是在单页面上排版多张照片，与本例无关。

图7-62　单个图像/照片小样

接下来，图像设置部分的"缩放以填充"是指完全填满纸张上的黑色细框范围（见图7-61），多余部分溢出细框之外，还要保证照片的完整性，不够的区域留白，并且所有画面将在细框以内，如图7-63所示。

图7-63　取消"缩放以填充"

"旋转以适合"是指如果检测到是竖幅，可自动旋转以适合横幅的纸张页面。这样不必让多余的页面空着，尽可能地将画面填满纸张。

图7-64　选择"旋转以适合"

选中"绘制边框"选项后，可在纸张范围的内部再嵌套一条线框。可以改变其宽度和颜色，当然这不是必需的，是可选的款式。

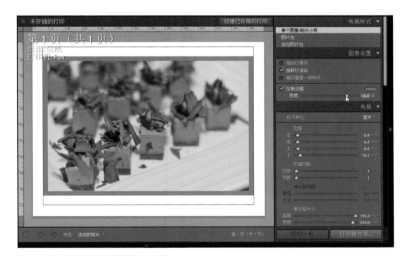

图7-65　控制边框的粗细和颜色

布局部分可单独调整照片
四条边与纸张边界的距离。比
如希望在照片的下面输入较大
段落的文字介绍，则可以调整
其"下"边距，以腾出足够的
空间。

图7-66　调整下边距以留出文字空间

在页面部分，可选择页面
背景色。可以以HSL和RGB
等方式选择适合的颜色。通常
背景色会以白色和黑色为主，
如果一定要挑选颜色，可选择
与照片主色调相近的颜色。

图7-67　改变背景颜色

身份标识用来输入一些文
字内容。勾选"身份标识"选
项，在下面的矩形黑框中的文
字上单击会弹出一个菜单，选
择"编辑"，在随后出现的对
话框中可改变字体、字号等，
这里不再详述。

图7-68　编辑文字标识

再继续操作，"添加水印"比较重要。这里说一下"照片信息"，这一行的右侧有"文件名"字样，后面有双三角的标识。单击此处会出现菜单，选择任一项，可在照片下方显示照片的信息，如果使用的器材和曝光参数等。如果希望添加多重复合的信息，可单击"编辑..."。

图7-69　编辑照片信息

进入"文本模板编辑器"，这些照片的信息无需手动输入，可直接在预设菜单中选择需要的信息类型，也可以将自己的设置存储为新的预设，以备后用。

下半部分是信息的细分，比如EXIF数据部分，从菜单中可添加曝光度、ISO感光度等众多信息。选择后单击"插入"，该信息以变量的形式出现在对话框上方的文本框中。文本框的上方示例，则显示了在当前照片中显示的真实信息。信息不但可以复合出现，还可以在文本框中编辑这些变量、添加空格和直接输入文本。

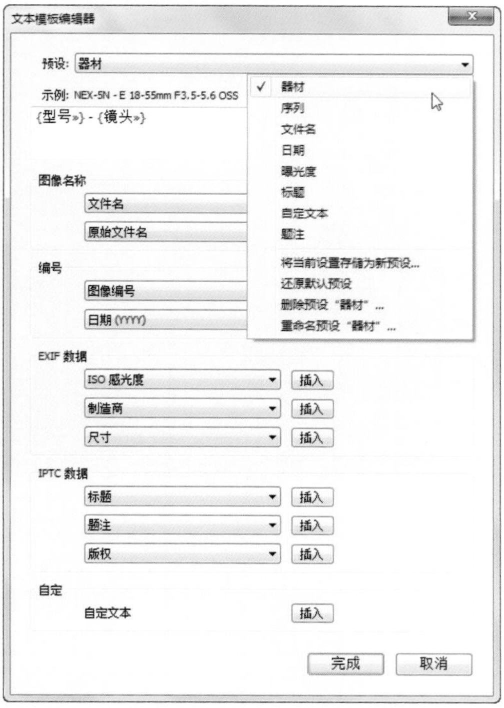

图7-70　文本模板编辑器

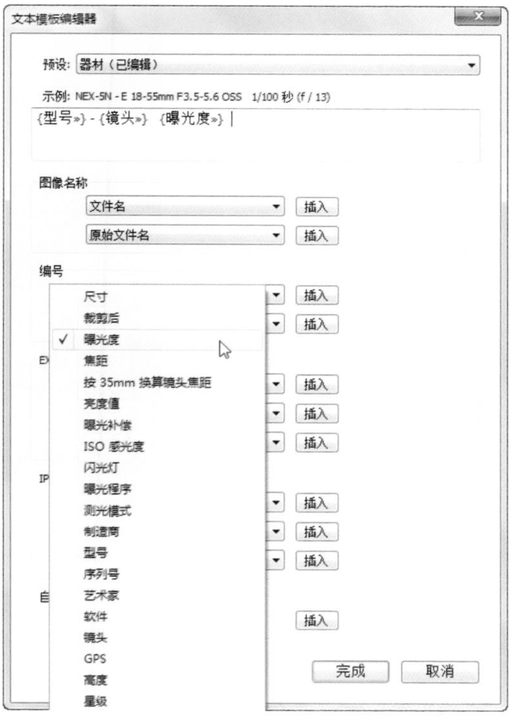

图7-71　编辑各种参数变量

完成后，可在照片上查看照片信息的编辑结果。首先因为设置的是变量，所以不同照片会显示不同的信息，如器材、参数的差别都会自动更新。再者，直接输入固定的文本完全没有问题，比如最后添加的摄影师注释和网址等。

接着就是本例中最关键的一点如何把打印功能转变为添加边框功能的选项。在打印作业部分的下方，有"打印到："选项，将后面的打印机变为JPEG文件即可。

图7-72　照片信息每张不同

图7-73　选择"JPEG文件"

通过上面的各选项，自定义了一个深灰色带红色细线的边框样式，将以此样式为准进行输出。

选择打印到JPEG文件后，下面的选项也会相应改变，比如是否锐化、是否改变色彩空间等。设置完成后，单击最下方的"打印到文件…"按钮，这样软件将不会调用打印机，而是将设置完成的带边框照片以JPEG文件的方式存储在指定目录中。

图7-74　单击"打印到文件"按钮

存储完成后，可看到所有照片都套用了设置好的灰色边框样式，上面还包括设置的相机拍摄参数等。唯一的不完美之处就是竖幅照片是横着放置的，当然这个通过将画面旋转90°非常容易解决。

我们使用的这种方式并不正统，是一种另类的解决方案。但使用软件就是这样，不要过于受正统用法限制，要灵活多变，拓展思路，创造出更实用高效的方法来。

图7-75　将竖幅照片旋转至正常

7.2.6 批量添加自定义水印

本例是Lightroom与Photoshop结合使用的例子。软件的使用尽量各取所长，让其优势尽量发挥出来，首先导入一批照片。添加水印的方法有多种，在"幻灯片放映"和"打印"模块都可以挂接水印功能。而一般情况只需添加水印，直接按Ctrl+A组合键全选照片，单击左下角的"导出…"按钮。

图7-76　单击"导出…"按钮

在"导出"对话框中，导出位置通常只选择"原始照片所在的文件夹"。这样的好处是无需再浏览和选择某个特定文件夹。

图7-77　导出到原始照片所在的文件夹

在"存储到子文件夹"后面的文本框中，输出文件夹名称，所有输出后的照片即被存储到"原始照片所在的文件夹"的这个子文件夹中，子文件夹的名称就是刚才输入的名称。

接下来是一些基本的设置，比如JPEG格式的压缩比、大小尺寸，是否进行锐化等。因为本节的重点不在这里，此处一带而过。

图7-78　选择导出的位置

图7-79　设置基本导出参数

按住鼠标左键拖曳右侧滚动条使之向下滚动，翻到"添加水印"选项区。勾选"水印"后，在右侧下拉列表中单击"编辑水印"。

弹出"水印编辑器"，右上角的水印样式有两种普通的文本和图形。如选择文本，在左下角输入作为水印的文本，效果立即反映在其上的预览图中。

图7-80　选择"编辑水印"

图7-81　输入水印文本

在右侧拖曳滚动条，可以看到非常多的选项。主要是设置水印的字体、大小、位置、不透明度等，这些选项非常简单，这里不再赘述。

图7-82　修改文字水印的参数

图形水印通常会以企业或个人的标志出现。这里切换到Photoshop中自行创建一个新水印，款式可以自由发挥创意。一般来说，添加的水印最好背景为透明像素。这样在创建时，所有的图形都要绘制在新图层上，背景一定要解锁并使其不可见，这样出现在屏幕上的棋盘式背景就是透明的像素。

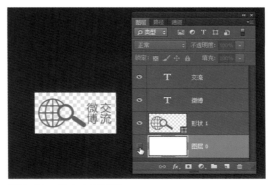

图7-83　建立水印图形

执行菜单"文件>存储为Web所用格式..."进入"存储为Web所用格式"对话框。在对话框的右上角列表中选择PNG-8，并勾选下方的"透明度"。正如大家所知，支持透明的有GIF和PNG格式，那为什么不使用GIF格式呢？这是因为Lightroom的水印不支持GIF。单击下方的存储，取一个文件名，将该透明PNG格式文件存储在希望的位置，并记住这个位置。

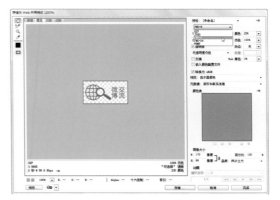

图7-84　存储为透明PNG文件

回到Lightroom，用之前介绍过的方法进入水印编辑器。将右上角的水印样式切换为"图形"，在下面的图像选项中单击"选择"，找到刚才在Photoshop中创建的PNG透明水印并选择。可以看到在左侧的预览图上被添加了图形水印，因为水印本身透明，所以露出下方照片，并无背景色块。

图7-85　选择要作为水印的图形

往下滚动，右侧会有众多关于图形水印的选项，但多为确定方位和阴影之类的，非常简单，不再赘述。单击右下角"存储"后，弹出"新建预设"对话框，单击"创建"按钮，成为预设之后再为照片添加水印时就不必重复设置，直接选择存储的名称即可。

图7-86　新建水印的预设

如果对相关参数进行了修改，建议不要再单击右下角的"存储"按钮，否则又会让你新建预设。可以在左上角的下拉菜单中选择"更新预设..."完成后回到"导出"对话框，将所有照片导出到指定的文件夹即可。

图7-87　修改参数后更新水印

输出完成后，可查看这批照片。所有照片都已在指定位置添加了透明水印，并且自动辨识位置，横幅竖幅统一。因为是图形水印便可无所顾忌，一些特别的想法都可轻易实现了，比如图文混排、颜色混搭、书法文字等。

图7-88　已批量添加水印后的照片

7.2.7　将批量照片转换为视频幻灯

分享与展示是体验摄影乐趣必不可少的环节。通常有这么几点需求：一是无需控制自动播放；二是图与图之间有过渡效果；三是能同步播放背景音乐；四是兼容性强，不必专用软件才能播放；五是操作简单，无需任何视频剪辑基础。符合以上这些条件的，Lightroom算是不错的选择了。

图7-89　将多张照片导入Lightroom

执行"窗口>幻灯片放映"进入"幻灯片放映"模块，在左侧的模板浏览器中选择默认值或其他项，当前选中的照片即套用了指定模板。

图7-90　在幻灯片放映模块选择模板

如果希望在播放过程中标注一些文字，可以勾选"身份标识"项。单击文字图示会出现一个菜单，在菜单中选择"编辑"。文字的位置和缩放尺寸可以直接拖曳照片上的文字框调整。

图7-91　编辑身份标识文字

进入"身份标识编辑器"，可以选择使用"文本"或"图形"两种方式。如选择文本，则可编辑其字体、大小和颜色。

图7-92　身份标识编辑器

还可以在照片上添加水印。如何制作和添加水印有专门的章节详细讲解。这里只是展示在幻灯片上挂接水印的位置。

图7-93　在幻灯片上挂接水印

关于幻灯片的背景，可以选择使用渐变色、图像和背景色。勾选"渐变色"后，还可以更改渐变的颜色、不透明度和角度。

图7-94　将背景设为渐变色

还可以将幻灯片的背景设为图库中的其他照片。方法是从界面下方的胶片显示窗格中选中一张照片，将其拖曳到右侧背景图像下的深色框中。深色框中标注有"将背景图像从胶片显示窗格拖放到此处"字样。

图7-95　将背景设为渐变色

完成后可以看到幻灯片搭配指定背景图和指定文字的效果，其他的幻灯片也会共用这个背景图片，只是前景的图片在播放时会一直翻页更换。

图7-96　背景图片设置后的效果

设置幻灯片的介绍屏幕和结束屏幕，其实就是片头和片尾以及相应的注解文字。Lightroom并没有提供特别豪华、丰富的设置项。但简洁的文字标识、更改覆盖颜色等还是非常实用的。

图7-97　设置介绍屏幕的注解文字

背景音乐可以很好地衬托幻灯片展示的气氛。勾选"音轨"后，单击下面的"选择音乐"按钮，在硬盘中选择一段MP3音乐。为了避免幻灯片的播放时间与音乐不同步，比如音乐播完停了，幻灯片还没播完，或遇到相反的情况。单击"按音乐调整"按钮，使图片播放的速度和间隔符合音乐长度。

"幻灯片持续时间"可以控制图与图之间的过渡，以及每两张照片播放的间隔时间、渐

隐、颜色和随机顺序等。可单击最下方的"预览"和"播放"按钮来测试幻灯片设置后的效果。

图7-98　按音乐调整幻灯片

幻灯片其实是有两个出口的，都在界面的左下角，分别为"导出为PDF…"和"导出为视频…"。如要导出为PDF格式，转到其他机器上运行时，需安装Acrobat Reader等才能读取，这软件相对较专业，很多人并不熟悉。而导出为视频就很常见了，大部分人都会看电影、电视剧，多半都会预装了影音风暴之类的软件，所以视频兼容性会更强。

图7-99　将幻灯片导出为视频

进入"将幻灯片放映导出为视频"对话框，所支持的视频格式为.mp4。最下方需要设置的视频预设，其实就是确定大小尺寸以适合不同的设备。比如480×320就最适合用于iPhone和Android等移动设备；1080p则更适合用于高品质HD视频。

输出后的.mp4格式文件可以使用常用的视频播放器打开。在测试中，可以看到设计好的片头和背景以及照片的间隔、过渡。另外，背景音乐的播放也按要求开始和结束。

图7-100　输出时选择视频预设

图7-101　测试视频的播放过程

本例涉及两个外部文件，一个是导入的"背景音乐.mp3"，另一个是最终输出的"视频幻灯.mp4"，需要在用到时指定文件路径。

图7-102　涉及的外部文件

图书在版编目（CIP）数据

数码摄影后期处理实战宝典：畅销升级版／薛欣著
. -- 2版. -- 北京：人民邮电出版社，2017.5
ISBN 978-7-115-45319-8

Ⅰ. ①数… Ⅱ. ①薛… Ⅲ. ①图象处理软件 Ⅳ.
①TP391.413

中国版本图书馆CIP数据核字(2017)第054951号

内 容 提 要

　　本书是一本介绍摄影后期处理流程及应用技巧的工具书，全书共分为7章，分别为预处理、先构图、后校正、再调色、巧润饰、重创意、总输出。涵盖了摄影后期处理中涉及的整个流程和大部分知识点。除了一些基本的操作技巧外，还讲解了作者在教学实践中总结的诸多"独家妙招"，以及一些快速记忆软件操作的"锦囊妙计"。此外，书中同时提供了处理JPEG和RAW两种格式照片的方法与技巧，详细解释了两者之间的共同点与差异。附赠的视频学习下载资源，由作者亲自讲解书中的难点与重点案例，并配有全部案例的素材源文件，帮助读者快速上手，轻松掌握书中的技巧。

　　本书在延续了上一版实用风格的同时，更新了部分案例，启用了作者近期创作的原创素材，并将拍摄与后期结合的更加紧密。重点更新了RAW调色部分，步骤截图更加详细，文字讲解也更加清晰。此外，还解决了软件版本差异问题，界面和操作以本书为准。

　　本书适合想要学习后期处理知识的摄影爱好者。书中的案例来自于课堂教学，因此也同样适合院校及培训机构作为培训教材使用。

◆ 著　　　　　薛　欣
　　责任编辑　李　际
　　执行编辑　杨　婧
　　责任印制　周昇亮

◆ 人民邮电出版社出版发行　　北京市丰台区成寿寺路 11 号
　　邮编　100164　电子邮件　315@ptpress.com.cn
　　网址　http://www.ptpress.com.cn
　　北京顺诚彩色印刷有限公司印刷

◆ 开本：787×1092　1/16
　　印张：21　　　　　　　　　2017 年 5 月第 2 版
　　字数：712 千字　　　　　　2017 年 5 月北京第 1 次印刷

定价：99.00 元

读者服务热线：(010)81055296　印装质量热线：(010)81055316
反盗版热线：(010)81055315
广告经营许可证：京东工商广字第 8052 号